蜂蜜

质控新技术开发与应用

延莎 著

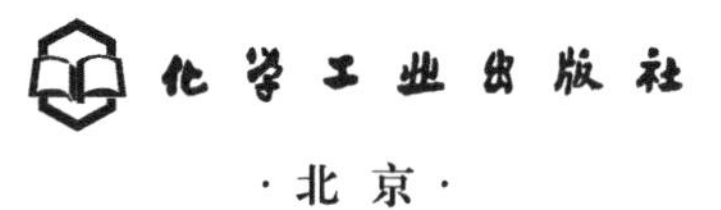

·北京·

内 容 简 介

针对目前我国蜂蜜产品存在的主要质量问题，作者对近年来在蜂蜜质量控制和品质提升方面的研究进行了整理汇总，编写了本书。本书内容主要是通过挖掘蜂蜜中的特质性成分并进行表征以达到控制蜂蜜质量的目的，具体包括对蜂蜜中低聚糖、美拉德反应产物以及特色蜂蜜中的特征性成分的研究，并基于蜂蜜中的这些特质性成分建立相应的质控技术，为有效提高蜂蜜质量奠定理论基础和提供新的技术支撑。

本书可供广大食品专业爱好者、食品质量与安全专业研究人员和蜂产品专业研究人员参考。

图书在版编目（CIP）数据

蜂蜜质控新技术开发与应用 / 延莎著. — 北京：化学工业出版社，2023.10

ISBN 978-7-122-44297-0

Ⅰ. ①蜂… Ⅱ. ①延… Ⅲ. ①蜂蜜－质量控制 Ⅳ. ①S896.1

中国国家版本馆 CIP 数据核字（2023）第 190346 号

责任编辑：李少华　　文字编辑：张熙然

责任校对：宋　夏　　装帧设计：关　飞

出版发行：化学工业出版社（北京市东城区青年湖南街 13 号　邮政编码 100011）

印　　装：北京印刷集团有限责任公司

710mm×1000mm　1/16　印张 9¼　字数 164 千字　2023 年 11 月北京第 1 版第 1 次印刷

购书咨询：010-64518888　　售后服务：010-64518899

网　　址：http：//www.cip.com.cn

凡购买本书，如有缺损质量问题，本社销售中心负责调换。

定　　价：58.00 元

版权所有　违者必究

前 言

蜂蜜是一种天然甜味食品，具有悠久的食用、使用历史，深受世界各国人民喜爱。随着社会对蜂蜜产品需求的增加以及消费者对更高品质蜂蜜产品的需求，蜂蜜的质量控制和品质提升显得尤为重要。中国是养蜂大国，蜂蜜产量稳居世界第一，同时我国也是蜂蜜出口大国，然而，我国蜂蜜质量声誉不高，价格低廉，在国际上缺乏话语权。目前我国蜂蜜产业的质量问题主要包括：市场上蜂蜜产品质量参差不齐，比如热浓缩蜂蜜代替自然成熟蜂蜜、糖浆掺假蜂蜜、植物源掺假蜂蜜等；缺少具有特色的高端蜂蜜产品。我国地大物博，蜜源植物资源丰富，然而，目前尚无一款可与新西兰国宝级麦卢卡蜂蜜相媲美的特色优质蜂蜜产品。

针对目前我国蜂蜜产品存在的主要质量问题，应加强科学研究，在提升蜂蜜质量、努力发展优质特色蜂蜜的大背景下，打造具有中国特色的高端蜂蜜产品。笔者在蜂蜜质量控制与品质形成方面开展了系列研究，并撰写了本书，主要包括以下内容：基于低聚糖、美拉德反应产物对蜂蜜质量控制的研究和基于特征物质对稀有蜂蜜特征品质挖掘与评价的研究。

本书可供广大食品专业爱好者、食品质量与安全专业研究人员和蜂产品专业研究人员参考，并可提供蜂蜜质量控制方面最新的技术，这些研究内容对其它食品的质量控制也具有潜在借鉴意义。

扫码可查阅本书部分彩图内容。

著者

2023 年 7 月

目 录

第一章 蜂蜜的概述 / 001

第一节 蜂蜜是蜜蜂酿造形成的天然甜味物质 …… 002

一、定义 …… 002

二、分类 …… 002

三、化学组成 …… 004

四、形成机制 …… 006

第二节 蜂蜜质量评价基础指标 …… 007

一、孢粉学分析 …… 008

二、感官分析 …… 008

三、常规理化指标 …… 010

第三节 蜂蜜产品的主要质量问题 …… 011

一、糖浆掺假 …… 012

二、热浓缩替代充分酿造 …… 013

三、品种掺假 …… 013

四、地理源错标 …… 014

第四节 我国优质蜂蜜的发展前景 …… 015

参考文献 …… 016

第二章　基于低聚糖对蜂蜜质量控制的研究　/　022

第一节　蜂蜜中低聚糖的分布特点 ······ 024

一、样品收集 ······ 024
二、主要试验方法 ······ 024
三、刺槐蜂蜜样品的水分含量分析结果 ······ 025
四、不同成熟阶段刺槐蜂蜜中低聚糖的种类和含量分布 ······ 025

第二节　基于松二糖鉴别蜂蜜品质 ······ 028

一、样品收集 ······ 028
二、主要试验方法 ······ 028
三、UPLC-ELSD定量不同成熟阶段刺槐蜂蜜中的松二糖 ······ 029
四、市场上刺槐蜂蜜样品中松二糖含量分析 ······ 031

参考文献 ······ 032

第三章　基于美拉德产物对蜂蜜质量控制的研究　/　035

第一节　α-二羰基化合物在鉴别蜂蜜质量中的研究 ······ 038

一、鉴别热浓缩蜜 ······ 038
二、鉴别糖浆掺假蜂蜜 ······ 050

第二节　Amadori化合物在鉴别蜂蜜质量中的研究 ······ 064

一、样品收集 ······ 064
二、主要试验方法 ······ 064
三、NMAH和AHAH的基础理化指标分析结果 ······ 066
四、非靶向代谢分析NMAH和AHAH结果 ······ 069
五、鉴定由AHAH样品中制备的目标化合物结构 ······ 071

六、UHPLC-MS/MS定量NMAH和AHAH中的Fru-Phe ········ 072
七、储存期Fru-Phe稳定性的研究 ········ 074
第三节　利用多种美拉德产物对蜂蜜储存品质的研究 ········ 075
一、样品收集 ········ 075
二、主要试验方法 ········ 076
三、不同储存期的荆条蜂蜜的基础理化指标分析结果 ········ 079
四、不同储存期荆条蜂蜜的游离氨基酸的分析结果 ········ 080
五、不同储存期荆条蜂蜜中Amadori化合物分析结果 ········ 081
六、不同储存期荆条蜂蜜的α-DCs含量分析结果 ········ 082
七、不同储存期荆条蜂蜜的5-HMF含量分析结果 ········ 083
八、不同储存期荆条蜂蜜的AGEs含量分析结果 ········ 083
九、美拉德反应产物与蜂蜜储存期的相关性分析及健康风险评估 ········ 084
参考文献 ········ 085
第四章　基于特征物质对稀有单花蜜质量控制的研究　/　092
第一节　米团花蜂蜜化学特征分析及对其质量控制的应用 ········ 095
一、米团花蜂蜜呈色物质分离鉴定 ········ 095
二、米团花蜂蜜挥发性成分分析 ········ 105
三、米团花蜂蜜活性成分的筛选和鉴定 ········ 113
第二节　草果蜂蜜化学特征分析及对其质量控制的应用 ········ 121
一、草果蜂蜜挥发性成分分析 ········ 121
二、草果蜂蜜活性成分的筛选和鉴定 ········ 131
参考文献 ········ 137

第一章
蜂蜜的概述

第一节　蜂蜜是蜜蜂酿造形成的天然甜味物质

一、定义

蜂蜜是蜜蜂采集植物的花蜜、分泌物或蜜露，与自身分泌物混合后，经充分酿造而成的天然甜物质（《食品安全国家标准　蜂蜜》GB 14963—2011）。该定义强调了蜜蜂是蜂蜜的唯一生产者，蜜蜂的加工过程（采集、酿造到成熟）赋予了蜂蜜不同于其他甜味剂独特的天然特性。蜂蜜的使用历史悠久，除了食用以外，蜂蜜还一直被用于治疗多种疾病，这点从传统医学和补充医学中都可以得到考证。蜂蜜的使用一直延续到现代民间医学，例如，用于治疗咳嗽和喉咙痛、缓解干眼症状、促进伤口愈合、治疗溃疡和预防便秘等。

此外，蜜蜂酿造蜂蜜不仅是为自己生产主食、为人类提供天然珍贵的蜂蜜，与此同时，作为重要的传粉者，蜜蜂采集花蜜过程中，帮助植物授粉（为约 35% 的农作物提供授粉），具有重要的生态功能。

二、分类

根据最初的植物来源，蜂蜜可分为两大类，分别是花蜜来源和蜜露来源。花蜜蜂蜜是蜜蜂采集开花植物的花蜜而获得，如刺槐、枣花、椴树、荆条、米团花和益母草等（图 1-1）。蜜露蜂蜜则是由某些树木或其他植物，如松树属、冷杉属、板栗属和栎属等产生的分泌物或昆虫（主要来自蚜虫科）吮吸植物在植物上的排泄物被蜜蜂采集而获得。独特的味道和香气是蜂蜜受广大消费者欢迎的两大特性。

图 1-1　蜜蜂访米团花

蜜露蜂蜜的味道比花蜜蜂蜜要浓，但蜜露蜂蜜没有花蜜蜂蜜甜，这可能是由于蜜露蜂蜜的寡糖含量远高于花蜜蜂蜜。此外，一些研究也表明两者活性具有明显的差异。蜜露蜂蜜的抗菌和抗氧化活性要高于大多数花蜜蜂蜜。消费者对蜜露蜂蜜和花蜜蜂蜜的接受程度不同。在我国，人们对蜜露蜂蜜知之甚少。然而在许多欧洲国家，人们对蜜露蜂蜜的接受度较高，其市场需求度不断增长。

目前，花蜜来源的蜂蜜是市场上最主要存在的蜂蜜产品类型，根据植物来源、地理来源及动物来源（采集花蜜的蜂种）的不同又可进行更为具体的类别区分。

（一）植物来源

能为蜜蜂提供花蜜的植物被称为蜜源植物，根据蜜源植物的种类，蜂蜜可分为单花蜜和多花蜜。单花蜜即蜂蜜是主要包含单一蜜源植物的花蜜还是几种蜜源植物的花蜜混合而成。由于具有更受欢迎的风味，以及所宣称的独特的药理活性，单花蜂蜜产品更受消费者的青睐，因此其也更具市场价值。世界上著名的单花蜂蜜主要包括：新西兰的麦卢卡蜜，阿根廷的桉树蜜和柑橘蜜，意大利的板栗蜜，欧洲的欧石楠蜜等。中国是世界上蜂蜜产量最大的国家之一，也是重要的蜂蜜出口国，具有代表性的单花蜂蜜有枣花蜂蜜、刺槐蜂蜜、荆条蜂蜜和荔枝蜂蜜等。

（二）地理来源

蜂蜜也常根据地理来源进行分类，特定类型的蜂蜜来自某些特定地区，获得受保护的原产地名称（PDO）标签及受保护地理识别（PGI）标签。这些蜂蜜产品在特定的地理区域使用公认的专业技术进行加工和生产。PDO 和 PGI 蜂蜜通常呈现出本质上或完全与特定地区或特定当地环境有密切关系的特色，它们的品质受固有的自然和人为因素影响。

（三）动物来源

蜜蜂属有 6 个种，分别是意大利蜜蜂（简称意蜂）、东方蜜蜂、小蜜蜂、大蜜蜂、黑小蜜蜂和黑大蜜蜂。意蜂和中华蜜蜂（东方蜜蜂亚种简称中蜂）是我国规模化饲养的主要蜂种，所产的蜂蜜分别为意蜂蜜和中蜂蜜。自 20 世纪初以来，由于意蜂群势强，产蜜量大，其一直是中国养蜂业的主要蜜蜂品种，约占中国蜂群的 66%。中蜂擅长利用零星蜜源植物，尤其是一些药用植物，且具有较强的抗病能力，可生产高品质的蜂蜜。中蜂约占中国蜂群总量的 33%。除此以外，还有一种大型群居蜜蜂，无刺蜜蜂，它们主要分布在热带，如南美洲、中美洲、非洲、西南亚和澳大利亚的热带地区。无刺蜂生产的蜂蜜为无刺蜂蜜（图 1-2），具有与普通蜂蜜不同的酸甜度和药用价值，且产量有限，其市场价值是普通蜂蜜的两倍多。目前，研究者对无刺蜂蜜的关注越来越多。

图 1-2 无刺蜂巢和无刺蜂

三、化学组成

蜂蜜的化学组成丰富，目前已知被报道的成分有千余种，蜂蜜的具体化学组成受采集蜂种、蜜源植物、地理源以及气候条件等因素影响，因而也表现出不同的品质和营养价值。

（一）水分

蜂蜜中的水分含量是决定蜂蜜储存期、避免酵母发酵劣变的重要影响因素。在传统蜂蜜生产中，水分含量也是蜂农判断蜂蜜酿造成熟的主要依据。蜂蜜的含水量可以低于 14%，且含水量越低表明其酿造越充分。国际上普遍认可的及相关标准规定蜂蜜的含水量应低于 20%。由于蜂蜜的含水量受自然条件影响较大，因此不同品种不同采收时期的蜂蜜样品水分含量变化较大。

（二）糖类

蜂蜜是一种过饱和的糖溶液，其中糖类是其主要成分，约占总量的60%以上。蜂蜜的许多物理化学特性，如甜度、吸湿性、黏度等都取决于其糖的组成。此外，高糖浓度产生的高渗透压是构成其抗菌性的重要因素。果糖（32%～44%）和葡萄糖（23%～38%）是蜂蜜中最主要的糖。它们主要是在蜂蜜的酿造过程中，由蜜蜂唾液腺分泌的转化酶将花蜜中的蔗糖转化而成的，此外蜂蜜中的酶还可将简单的糖转化成更复杂的糖。在蜂蜜中检测到超过 45 种寡糖，它们占蜂蜜总量的 5%～15%，具体包括麦芽糖、蔗糖、松二糖、异麦芽糖、异麦芽酮糖、海藻糖、棉子糖、麦芽三糖、麦芽四糖等。麦芽糖和蔗糖是蜂蜜中重要的二糖。高含量的蔗糖可能是由于蜂蜜在酿造过程中，其未被完全转化。因此，相关标准普遍规定蜂蜜中的蔗糖含量应低于 5%。此外，蜂蜜中糖的种类和各种糖的比例，还可起到对蜂蜜品种鉴别的辅助作用。例如，森林蜂蜜中有海藻糖和松三糖。

蜂蜜是典型的富糖食品，极易发生美拉德反应，尤其是被加热或长时间储存时，会形成 5-羟甲基糠醛（5-HMF）和α-二羰基化合物等，引起蜂蜜的颜色和风味劣变。

（三）蛋白质及氨基酸

蜂蜜中的蛋白质含量为 0.1%～0.5%，来源于蜜蜂唾液腺和植物（花蜜、蜜露和花粉）。这些蛋白质包括多种酶类，如淀粉酶、葡萄糖氧化酶、过氧化氢酶、蔗糖转化酶和β-葡萄糖苷酶。除此之外，在蜂蜜中鉴定出约 20 种非酶蛋白，如蜂王浆主蛋白等。蜂蜜中的蛋白质对其营养价值贡献较小，但在其质量控制和品质评价方面具有重要作用。另一方面，蜂蜜中蛋白质含量越高，其表面张力越低，易产生泡沫和浮沫，而影响其感官品质。此外，掺假、过热或长期储存会使蜂蜜中的蛋白质含量发生改变。

蜂蜜中已检测出的氨基酸约有 26 种，其分布受植物源影响较大。对于大多数种类的蜂蜜，脯氨酸是含量最丰富的氨基酸，占到蜂蜜中总氨基酸含量的 50%以上，主要来源于蜜蜂。已有研究报道脯氨酸可作为蜂蜜成熟度或糖浆掺假的辨别指标，尤其是当脯氨酸含量低于 180mg/kg 时，蜂蜜的真实性会受到质疑。

（四）植物次生代谢物

蜂蜜中的次生代谢物主要来源于花蜜和花粉，包括生物碱、萜类化合物、环烯醚萜苷、酚类化合物、多肽等，这些化合物常作为蜂蜜的植物源、地理源标志物。花蜜中的这些化合物可引起蜜蜂对蜜源植物的喜好或厌恶。如，花蜜中的咖啡因能改善蜜蜂的食欲行为，表现为更大规模的采集活动和招募反应。在蜂蜜中研究报道最多的植物次生代谢物是酚类化合物，主要是黄酮类化合物、酚酸和酚酸衍生物。蜂蜜中的酚酸可分为两类，苯甲酸类衍生物（没食子酸等）和羟基肉桂酸类衍生物（主要有咖啡酸、阿魏酸、香豆酸等）。蜂蜜中的黄酮类化合物又被细分为黄酮醇（如高良姜素、槲皮素、芦丁、山柰酚和杨梅素），黄酮（如木犀草素和芹菜素），黄烷醇（如儿茶素），黄烷酮类（如橙皮素和柚皮素），异黄酮，花青素和查耳酮。蜂蜜中花源的黄酮类化合物主要是以苷元形式存在，经过蜜蜂酿造，由蜜蜂分泌的酶可将其部分水解。

（五）挥发性化合物

蜂蜜中的挥发性化合物主要来自植物、蜜蜂酿造对植物化合物的转化、蜂蜜生产和储存过程中的各种处理、微生物发酵或是其它环境污染。蜂蜜中的挥发性化合物包括烃类、醛类、醇类、酮类、酸类、酯类、呋喃、萜烯及其衍生物和含硫化合物等。蜂蜜中的挥发性成分受植物源、地理源等自然环境影响。此外，加工储存也会改变蜂蜜中的挥发物，一方面热不稳定化合物可能被破坏，另一方面美拉德反应会产生一些小分子的挥发性化合物。有研究者认为根据香气特征来确定蜂蜜的植物源较可靠，并且也促进了蜂蜜挥发性成分分析技术的发展。

（六）其他微量成分

蜂蜜中的其他微量成分还包括矿物质、维生素和脂类等。蜂蜜中的矿物质含量一般较低，花蜜来源的蜂蜜中的矿物质含量为0.02%～0.3%，而在蜜露蜂蜜中可高达1%。蜂蜜中的矿物质种类和含量受土壤、气候、蜜源植物和养蜂方式等影响。钾、钠、钙和镁是蜂蜜中常见的含量较多的矿物质元素，而铁、铜、锰、氯等含量较少。一般而言，深色蜂蜜较浅色蜂蜜含有更多的矿物质元素。来自重工业区的蜂蜜，重金属含量会超标，因此蜂蜜也被认为是环境污染的指示性指标。

蜂蜜并不是维生素的良好来源，其中水溶性维生素含量要高于脂溶性维生素，主要是B族维生素和维生素C。蜂蜜中的脂类物质极少（约0.04%），包括甘油酯、磷脂、甾醇和一些脂肪酸，主要来自植物和蜂蜡的残留。

四、形成机制

蜜蜂酿造生产蜂蜜是一个非常专业化的过程。蜜蜂体内有专门临时存放花蜜等液体物质的场所，位于食管和前胃之间，称为蜜囊。工蜂会将采集的花蜜贮存在蜜囊中携带归巢。在采集花蜜过程中，如果蜜蜂需要能量，一些蜜液也可以通过瓣膜进入中肠，花蜜在这里被消化和吸收。一只工蜂每次可携带 25～40mg 的花蜜回蜂巢，为了收集更多的花蜜，采集蜂在一次旅行中会访 1～500 朵花。倘若蜜源植物丰富，成功觅食的工蜂会招募更多的工蜂来采集。某种蜜源植物流蜜时间足够长，蜜蜂就会主要以这种花蜜酿出相应的单花蜜。回到蜂巢后，等待在巢内的工蜂会把花蜜取出存放于巢脾内。一旦花蜜被传递给第一只蜜蜂，它就开始了在蜂箱中漫长的酿造过程。接收花蜜的工蜂将花蜜传递给其它工蜂，这一过程将重复很多次。每个工蜂都会往花蜜中添加酶（如转化酶、糖化酶、葡萄糖氧化酶和磷酸酶等），这些酶促进花蜜转化成蜂蜜。定殖于蜜蜂蜜囊中的微生物也会对花蜜产生作用，促进花蜜的转化。

当花蜜被存放在巢脾内，它仍然不是蜂蜜，工蜂会积极地为花蜜进行脱水。它们会将花蜜从一个蜂房转移到另一个蜂房，这种持续的运动会将花蜜的水分降至 20%～30%。此外，蜜蜂会把即将成熟的蜂蜜装进蜂房，在一段时间内保持不封顶的状态，并通过不断扇动翅膀使暖空气在整个蜂箱中循环，从而储存的花蜜会持续被动失去水分。当蜂蜜中的水分含量进一步降低，通常低于 18%时，蜜蜂就会进行封盖。但是在潮湿的气候条件下或花蜜流动非常快的时候，蜜蜂无法充分对蜂蜜进行脱水，可能会使封盖蜂蜜保持较高含水量。

总之，蜜蜂的酿造过程主要包括以下几步：

① 添加酶，如蔗糖酶、糖苷酶、葡萄糖氧化酶和磷酸酶等；

② 添加来源于蜜蜂唾液腺中的其它物质；

③ 通过在蜜蜂胃内产生的酸降低其 pH 值；

④ 化学成分的变化，尤其是糖的比例变化，蔗糖转化酶将蔗糖分解为葡萄糖和果糖；

⑤ 水分的蒸发。

蜂蜜为蜜蜂在缺少蜜源的时候提供了现成的糖类来源，同时也给人类带来了味蕾上甜蜜的享受。

第二节　蜂蜜质量评价基础指标

以往对蜂蜜进行品质评价分析主要是为确保其真实性，甚至明确其植物和地理来源，为了达到上述目的，最常用的方法是孢粉学、感官分析和常规理化测定方法。

一、孢粉学分析

孢粉学分析是一种用于验证蜂蜜植物源和地理源的方法，传统上是使用光学显微镜进行分析，目前，研究者正努力引入使用图像分析程序的自动化系统。通常进口蜂蜜经过高度过滤以除去所有花粉，这为准确评价蜂蜜质量造成了极大困难。为什么蜂蜜中的花粉如此重要？第一，孢粉学方法是确定蜂蜜植物源的最简单、最安全可靠的方法；第二，通过分析花粉可以明确蜂蜜的产地；第三，花粉是具有营养的，把它留在蜂蜜中可以提供额外的营养。美国食品药品管理局（Food and Drug Administration，FDA）的科学家认为关于蜂蜜的质量分析必须包括孢粉学分析。然而目前并无来自不同区域的蜂蜜类型的可用花粉数据库。现在需要建立科学的花粉鉴别标准，该标准可应用于单花蜂蜜类型，并在全世界范围内被接受认可，将蜂蜜的孢粉学鉴定与可追溯性认证相结合以确保蜂蜜的真实性。

二、感官分析

感官分析是通过各感觉器官可感知的属性来分析样品，如颜色、气味、味道等。目前，已有很多研究者建立了分析蜂蜜的一套标准感官分析方法，包括统一的术语、评估形式、品尝方法、培训和选择评审员的方法以及专业的感官描述（见图 1-3）等。根据 GB 14963—2011《食品安全国家标准　蜂蜜》，我国对蜂蜜的感官要求见表 1-1，尽管相关内容较为简单，但蜂蜜的感官评价在更多方面具有不可替代的优势。

通过感官分析能区分蜂蜜的植物来源，并辨别某些蜂蜜的质量问题，如发酵和其它异味混入。感官评价在制定蜂蜜产品的标准和质量控制，有关植物名称的确定和其它特定标签方面发挥重要作用。另外，感官质量也是消费者偏好/厌恶研究的重要组成部分。通过感官分析揭示的一些特征也可以通过实验分析方法来测定，例如，可通过测定发酵产物（甘油）来判断蜂蜜发酵与否。但是对于感官特征，目前没有更好的可替代的分析方法，尤其是在验证单花蜜一致性方面。

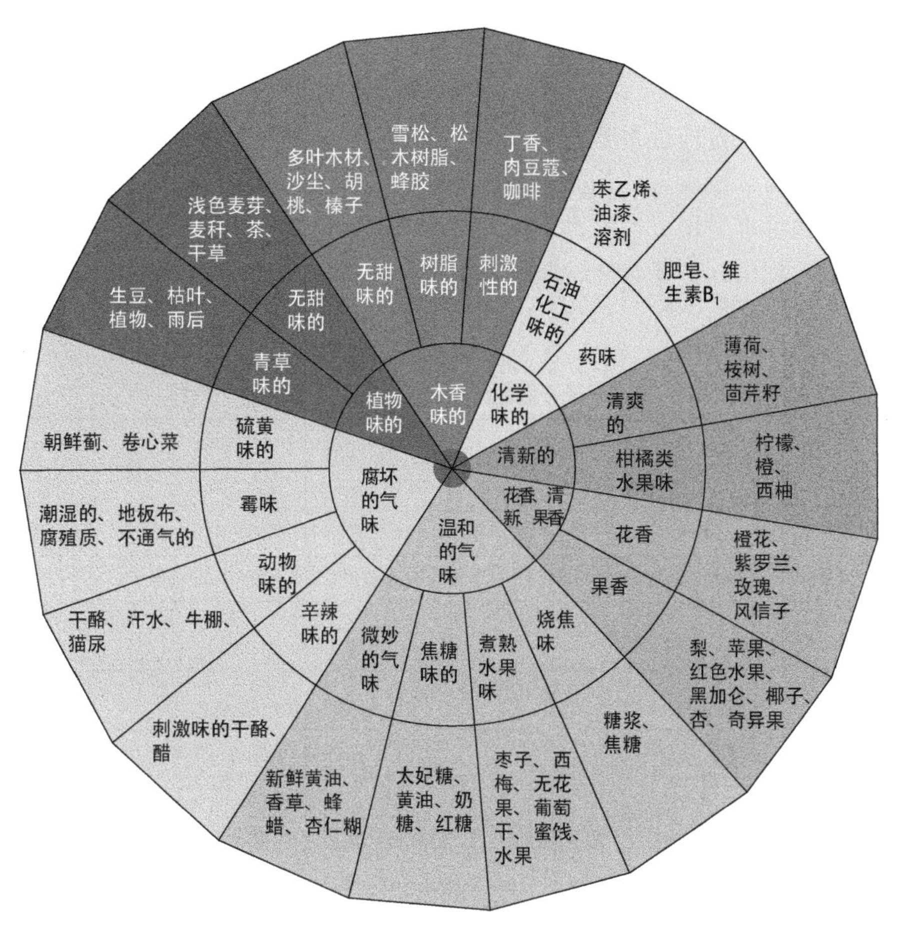

图 1-3　蜂蜜的气味轮示意图（Lucia et al.，2004）

表 1-1　蜂蜜感官要求

项目	要求	检验方法
色泽	依蜜源品种不同，从水白色（近无色）至深色（暗褐色）	按 SN/T 0852 的相应方法检验
滋味、气味	具有特有的滋味、气味，无异味	
状态	常温下呈黏稠流体状，或部分及全部结晶	在自然光下观察状态，检查其有无杂质
杂质	不得含有蜜蜂肢体、幼虫、蜡屑及正常视力可见杂质（含蜡屑巢蜜除外）	

三、常规理化指标

蜂蜜质量也是通过重要的物理、化学和生化参数进行评估，这些常用的参数根据它们对蜂蜜质量评价的方面做了分类，如表 1-2 所示。一般而言，食品法典委员会标准适用于世界范围内的蜂蜜贸易，而其它区域标准，如欧盟蜂蜜标准更适合地区，包含的具体细节规定较少。食品法典关于蜂蜜质量的标准见表 1-3。

表 1-2　蜂蜜质量参数的分类（Pita-Calvo et al.，2017）

分类	项目
保存相关的参数	水分含量、pH、游离酸和总酸
新鲜度相关的参数	淀粉酶活、转化酶活、HMF
成熟度相关的参数	脯氨酸含量、水分含量、蔗糖含量
植物源相关的参数	灰分、水分含量、颜色、电导率、旋光率、果糖/葡萄糖、葡萄糖/水分、pH、游离酸和总酸、脯氨酸、糖组成
结晶相关的参数	果糖/葡萄糖、葡萄糖/水分
掺假相关的参数	蔗糖、糖组成、脯氨酸、HMF

表 1-3　食品法典委员会对蜂蜜质量的标准规定

（Bogdanov et al.，1999；Pascual-Maté et al.，2018）

项目	限值
水分含量	
一般蜂蜜	≤ 21g/100g
石楠、三叶草蜂蜜	≤ 23g/100g
工业或焙烤用蜂蜜	≤ 25g/100g
还原糖含量	
未列在下面的蜂蜜	≥ 65g/100g
甘露蜜或甘露蜜混合蜜	≥ 45g/100g
Xanthorrhoea preissii（草树）	≥ 53g/100g
蔗糖含量	
未列在下面的蜂蜜	≤ 5g/100g
刺槐、薰衣草、岩黄芪、三叶草、柑橘、苜蓿、桉树、蜜藏花、龙眼、迷迭香	≤ 10g/100g

续表

项目	限值
水不溶性固形物含量	
一般蜜	≤ 0.1g/100g
过滤蜜	≤ 0.5g/100g
矿物质含量	
一般蜜	≤ 0.6g/100g
蜜露蜂蜜、蜜露和花蜜蜂蜜的混合物、板栗蜂蜜	≤ 1.2g/100g
酸度	≤ 50meq/kg
淀粉酶活	
加工和混合后（法典）	≥ 8
一般适用于所有零售蜂蜜、低酶活的天然蜂蜜	≥ 3
HMF 含量	
加工或混合后（法典）	≤ 60mg/kg
所有零售蜂蜜（欧盟）	≤ 40mg/kg

除了上述提到的国际标准中常用的蜂蜜理化指标外，评价蜂蜜质量的指标还包括电导率、流变特性、水分活度以及一些表征其功能活性的指标等。目前，更先进的技术和方法，如近红外、核磁质谱、拉曼光谱、同位素质谱等，也被用于蜂蜜的微量成分表征和质量方面的研究。

第三节　蜂蜜产品的主要质量问题

蜂蜜是一种被广泛消费的天然产品，不仅因为它独特的味道，更是因为它的健康益处。自古以来，蜂蜜的食用通常与其药用价值相联系，传统上用于愈合伤口、抗菌、抗炎等，最近的研究表明其功能活性与蜂蜜的天然属性密切相关。与蜂蜜真实性有关的主要质量问题集中在地理源和植物源上，但添加其它不允许的物质，如糖浆等，也是不容忽视的重要问题。一些掺假的做法，包括过度饲喂蔗糖，在蜂蜜成熟前掠夺式收集，违规使用兽药等。在全球范围内，以上内容可以归纳为两个方面，即生产（涉及加工和掺假物的添加）和原产地（这主要与高质量的蜂蜜产品生产相关）。图 1-4 对上述主要质量问题进行了总结。

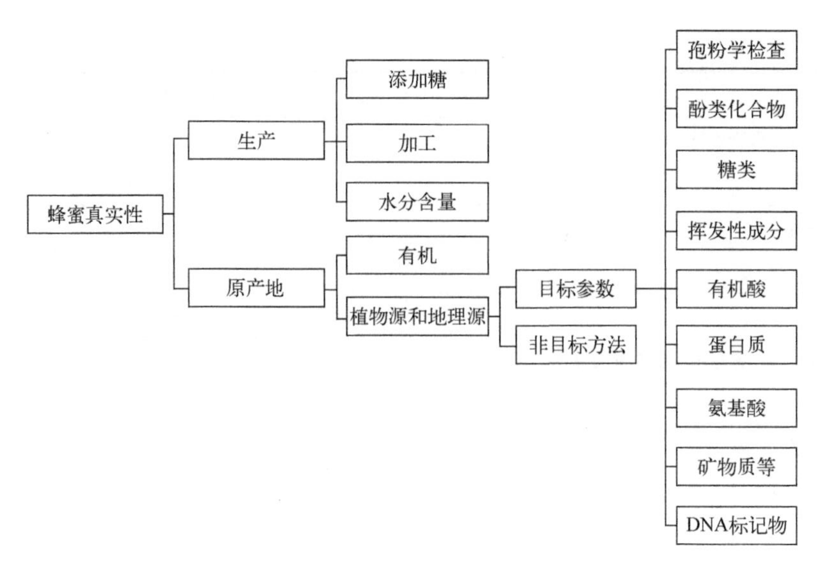

图 1-4 与蜂蜜主要质量问题相关方面的示意图（Soares et al.，2017）

一、糖浆掺假

食品法典委员会和欧盟委员会强调蜂蜜应不含任何其它食品成分，包括食品添加剂或任何其它添加物。蜂蜜掺假不仅会影响蜂蜜的质量，还会因销售量下降影响其产量。蜂蜜中 70%以上都是糖，且主要是葡萄糖和果糖，蜂蜜这种特殊组成，使其易被其它糖直接冒充或是掺入造假。蜂蜜掺假属于典型的经济利益驱动型掺假，根据 EMA（欧洲药品管理局）数据库信息，蜂蜜已被认定为世界第三大掺假食品。蜂蜜掺假可能为直接添加由油菜、高果糖玉米糖浆、麦芽糖糖浆生产的蔗糖糖浆，或添加通过加热、酶或酸处理淀粉而获得的果葡糖浆。蜂蜜掺假是一个敏感且长期存在的问题，世界各地的科研工作者都致力于提出各种应对检测蜂蜜中掺假物的策略，尤其是基于鉴别不同类型糖浆掺假物，然而这种掺假检测难度较大。

在过去三十年中，各种各样的鉴别掺假蜂蜜的方法被开发出来。始于 20 世纪 70 年代末的薄层色谱法是最早应用于蜂蜜掺假检测的方法，但由于蜂蜜中含有的低聚糖易出现假阳性的结果，此外随着甜菜糖浆、转化糖浆等的出现，薄层色谱的局限性更加凸显出来。碳同位素比率法随后开始发展，特别是用于检测高果糖玉米糖浆掺假蜂蜜。然而，因为它是基于纯蜂蜜和掺假蜂蜜之间的碳同位素值的变化，往往难以检测甜菜糖浆掺假。高效阴离子交换色谱、气相色谱和高效液相色谱等色谱方法具有操作简单且检测限低等优点，但样品预处理和提取过程的要求较高，也往往只能针对一种掺假鉴别。然而，这些技术对于蜂蜜样品的分析仍然是必不可少的，特别是对于新报道的掺假物，如大米糖浆和高果糖菊粉糖浆。光谱技术，包括红外、核磁共振和拉曼光谱，可以加快检测速度，而不需要对蜂蜜样品进行复杂的前处理，但涉及化学计量学工具的使用，如鉴别分析、主成分分析、偏最小二乘法或人工神经网络。生物传感器结合化学计量学方法使得大规模筛选和现场准确检测掺假蜂蜜样品成为可能，然而如何降低成本且提高准确性仍是个挑战。目前这些方法主要是针对一种或几种掺假蜂蜜的判别，并无一种有效的方法可以同时鉴别所有类型的掺假蜂蜜。准确、简单、低成本且能同时识别多种蜂蜜掺假类型的检测方法仍亟待开发。

二、热浓缩替代充分酿造

蜂蜜本是蜜蜂主要采集花蜜后经充分酿造而形成的天然甜味物质，然而，为了提高产量和追求更高的利润，养蜂人通常会缩短蜜蜂生产的时间，收集稀蜜（未成熟的蜂蜜）。尤其是对于一些花期短的蜜源植物，如刺槐，常在一两天时采集的花蜜就进行浓缩。为了避免发酵变质，这些未成熟的蜂蜜会进一步进行人工浓缩（主要通过加热）降低水分含量，生产出“人工浓缩蜂蜜”。由于没有经历蜜蜂必要的酿造过程，并且受到过度加热，人工浓缩蜂蜜与成熟蜂蜜相比，其化学成分发生了显著变化，例如缺乏酶转化产物，热敏性成分（如风味成分和酶）受到损失，以及有害物质（如5-羟甲基糠醛和α-二羰基化合物）的产生。近几十年来，人工浓缩蜂蜜是最令人担忧的三个蜂蜜质量问题之一（另外两个是糖浆掺假和过滤蜂蜜）。

浓缩蜜与自然成熟蜂蜜的鉴别是行业内的难点、热点问题，目前已报道的对热浓缩蜜的鉴别指标包括：5-羟甲基糠醛（这也是食品法典委员会规定的指标），但它是热不稳定的，可转化为吡啶等化合物，且5-羟甲基糠醛在80℃以下随温度的改变变化不大；热浓缩后蜂蜜中的氨基酸含量会显著降低，如枣花蜜中的脯氨酸和荆条蜜中的苯丙氨酸，然而植物源和地理源对蜂蜜中的氨基酸种类和含量影响很大，以氨基酸作为蜂蜜质量指标很难进行统一；此外还有淀粉酶等。我们也在热浓缩蜜与自然成熟蜂蜜的鉴别指标筛选及方法建立方面做了一些工作，在后面的章节将会进行详细介绍。

三、品种掺假

在过去的几十年里，由于具有更受欢迎的口感和香气，以及独具特色的药理属性，消费者对单花蜜有更高的需求，从而增加了一些品种单花蜜的商业价值。来自刺槐花的刺槐蜂蜜是一种透明淡黄色，味道柔和，不结晶，深受消费者喜爱的蜂蜜。油菜蜜味甜，呈淡琥珀色，易结晶。由于油菜蜜的颜色与刺槐蜜的颜色相似，常被用来掺假刺槐蜂蜜。柑橘属的一些植物品种，具有独特的优秀属性，可以独立商业化，而不仅仅是作为普通的“柑橘蜂蜜”进行销售，这种品种的掺杂也会阻碍高品质单花蜂蜜产品的挖掘。

蜂蜜品种掺假鉴别是具有挑战性的。对于单花蜂蜜的鉴别，传统方法主要是根据孢粉学分析，然而这种方法需要检测者具有较高的专业水平。近年来，代谢组学技术有助于筛选识别每种蜂蜜的化学特征标记物，实现对蜂蜜品种掺假的鉴别。在一些稀有特色蜂蜜特征物的研究中已有很多报道，如迷迭香酸作为夏枯草蜂蜜的特征标记物，丁香酸甲酯、红花菜豆酸和椴树素分别作为油菜、刺槐和椴树蜂蜜的特征标记物，水苏碱可作为米团花蜂蜜的特征物，毛蕊异黄酮和芒柄花素可作为黄芪蜂蜜的特征物，等等。如何将这些特征物运用到实际蜂蜜品种鉴别中是今后要进行更为深入研究的内容。

四、地理源错标

蜂蜜原产国标签错误标识是一个长期存在的问题，这种错贴标签的做法一直是转运蜂蜜以规避现行反倾销命令的手段，这种错标做法严重干扰了蜂蜜产品规范的进出口贸易。食品法典委员会和欧盟委员会标准明确规定蜂蜜的地理来源应该与标签上声明的地区相同。错误标识蜂蜜产地信息，不仅损害了消费者对通过区域认证产品真实性的信心，而且会引起一系列健康和安全问题，因为来源不明确的蜂蜜会混有抗生素、毒素、辐照花粉甚至生物碱，食用后对人体健康造成潜在威胁。

孢粉学分析是鉴别蜂蜜地理来源的有效方法，然而一方面目前缺少信息量齐全的世界各国各品种蜜源植物的花粉标准数据库；另一方面，实际生产常通过过滤而除去大部分花粉，这为有效鉴定蜂蜜产品的地理来源带来了困难。蜂蜜微量元素在区域尺度上与其地理来源有关。目前微量元素分析已被用于确认蜂蜜的原产地，这些原产地包括西班牙、土耳其、阿根廷、斯洛文尼亚、巴西、意大利和罗马尼亚。然而更为广泛的地理区域未被包括，如澳大利亚。澳大利亚蜂蜜的特点是安全、优质，因为这些蜂蜜产品产自清洁、绿色的地区，且澳大利亚拥有世界上最严格的养蜂管理体系之一。“澳大利亚产品”的标志被错误用于声称是澳大利亚蜂蜜产品上，这引起了公众对蜂蜜原产地和质量的真实性的关注。此外，蜂蜜地理来源真实性还可以通过稳定的碳同位素和微量元素相结合来进行识别。

第四节　我国优质蜂蜜的发展前景

蜂蜜是最古老的天然甜味剂，在悠久的历史长河中，蜂蜜始终以它独特风味和多种功效伴随着人们的生活，成为大家喜闻乐道的甜蜜代表。截至2020年，全球蜂蜜总产量达1770119吨。中国作为世界养蜂大国，蜂蜜产量稳居世界第一，国际占比高达25.88%。尽管我国是蜂蜜出口大国，但在国际上，我国蜂蜜质量声誉不高，缺乏国际话语权，蜂蜜价格低廉。因此，发展优质、特色蜂蜜是新时代对我国蜂蜜行业提出的新要求和坚定不移的前进方向。

目前我国蜂蜜产业的质量问题主要包括：①市场上蜂蜜产品质量参差不齐，严重影响消费者对蜂蜜产品的信心。蜂蜜作为重要的农副产品，蜂农常会自产自销，其生产环节和质量都难以保障，可能会引发食用安全问题。为追求利益，大部分蜂蜜生产企业会采用传统的热浓缩蜜生产方式，不利于蜂蜜品质提升和蜂业健康发展。此外，市场还存在糖浆掺假蜜、植物源掺假蜜等，严重影响我国蜂蜜产品的声誉。②具有特色的高端蜂蜜产品发展滞后。麦卢卡蜂蜜是享誉世界的新西兰国宝级蜂蜜，其卓越的抗菌活性使其价格远高于其它蜂蜜产品。我国地大物博，蜜源植物极其丰富，然而，目前仍未开发出一款可以媲美麦卢卡蜂蜜的特色优质蜂蜜产品。③蜂蜜质量监管体系不完善。在蜂蜜生产和监管过程中，部分生产规范和技术标准没有强制执行，仅作为参考依据和技术支撑。在现存的与蜂蜜质量相关的标准中，关于其质量鉴别和品质评价的相关标准缺乏。一些关于蜂蜜发展的政策和制度虽具有宏观指导价值，但在实际生产中发挥作用有限。

针对上述提出的问题，发展我国优质蜂蜜的内涵包括：①转变传统养蜂观念，探索发展现代化养蜂新模式。养蜂收蜜并不是蜂产业的唯一目的，应充分理解蜜蜂与蜜粉源植物互作的生态关系，积极发展促进蜜蜂福利的蜜蜂饲养方式，发展以蜂蜜高产、品质好为特点的成熟蜂蜜生产模式。②加强科学研究，转化为蜂蜜的相关质量标准。应完善蜂蜜的相关质量标准，尤其是在品质、蜂蜜植物源、产地溯源方面，建立蜂蜜“多维多信息指纹特征谱库”，为标准制定提供数据支撑，为打造高品质蜂蜜产品保驾护航。此外，对蜂蜜的农兽药残留标准，要开发新型高通量检测方法，及时修订完善现有标准。③对国内蜂蜜产品分等分级。通过标准化、可追溯和认证等途径传递更多有关生产环境、蜜源、生产方式等信息，转化产品差异为比较优势，建立广大消费者认可的蜂蜜分等分级标准，实现蜂蜜优质优价的差异化市场竞争。

在提升我国蜂蜜质量，努力发展优质、特色蜂蜜的大背景下，为完善蜂蜜质量相关标准，打造具有中国特色的高端蜂蜜产品，本书在蜂蜜品质的形成与质量控制方面开展了系列研究，主要包括以下内容：

① 基于低聚糖对蜂蜜质量控制的研究。自然成熟蜂蜜是高质量的蜂蜜产品，在这部分中，通过探究蜂蜜成熟过程中各种糖的变化规律，筛选能鉴别蜂蜜成熟度的特征低聚糖，并基于此建立鉴别成熟蜂蜜的方法。

② 基于美拉德产物对蜂蜜质量控制的研究。富糖食物在受热或长期储存的条件下易发生美拉德反应。在这部分中，一方面基于美拉德产物，我们筛选热浓缩蜜中的新型受热产物，并分离纯化、化学鉴定这些特征物建立鉴别热浓缩蜜的方法；另一方面，基于α-二羰基化合物我们开发了鉴别糖浆掺假蜂蜜的新方法，在确保蜂蜜质量方面具有积极意义。

此外，基于美拉德产物，我们还探究了蜂蜜贮存过程中的品质变化。蜂蜜是高糖的饱和溶液，也是众所周知的耐贮存的食物。然而在长期的存放过程中其品质是如何变化的，鲜有研究。本书通过分析四年内蜂蜜基础理化指标和美拉德产物，解析其贮存品质。

③ 基于特征物质对稀有单花蜂蜜质量控制的研究。以云南特色米团花黑蜂蜜和著名香料药用植物来源的草果蜂蜜为例，鉴定其独有的呈色物质，表征其特色风味，并发现其主要活性成分，创立了特色蜂蜜的系列开发方法和质量控制方法。

参考文献

Ávila S，Beux M R，Ribani R H，et al.，2018. Stingless bee honey：Quality parameters，bioactive compounds，health-promotion properties and modification detection strategies[J]. Trends in Food Science & Technology，81：37-50.

Barra M，Ponce-Díaz M，Venegas-Gallegos C，2010. Compuestos Volatiles en Miel Producida en el Valle Central de la Provincia de uble，Chile[J]. Chilean Journal of Agricultural Research，70（1）：75-84.

Beckh G，Wessel P，Lüllmann C，2005. Natural components of honey：Yeast and its conversion products-Part 3：The ethanol and glycerin content as quality parameter with respect to the growth of yeast[J]. Dtsch Lebensmitt Rundsch，101：338-343.

Bertelli D，Lolli M，Papotti G，et al.，2010. Detection of honey adulteration by sugar syrups using one-dimensional and two-dimensional high-resolution nuclear magnetic resonance[J]. Journal of Agricultural and Food Chemistry，58（15）：8495-8501.

Bogdanov S，Lullmann C，Martin P，et al.，1999. Honey quality and international regulatory standards：review by the

International Honey Commission[J]. Bee World，80（2）：61-69.

Bougrini M，Tahri K，Saidi T，et al.，2016. Classification of honey according to geographical and botanical origins and detection of its adulteration using voltammetric electronic tongue[J]. Food Analytical Methods，9（8）：2161-2173.

Brudzynski K，Miotto D，2011. The recognition of high molecular weight melanoidins as the main components responsible for radical-scavenging capacity of unheated and heat-treated Canadian honeys[J]. Food Chemistry，125（2）：570-575.

Brudzynski K，Sjaarda C P，2021. Colloidal structure of honey and its influence on antibacterial activity[J]. Comprehensive Reviews in Food Science and Food Safety，20（2）：2063-2080.

Castro-Vazquez L，Diaz-Maroto M C，Perez-Coello M S，2006. Volatile composition and contribution to the aroma of spanish honeydew honeys. Identification of a new chemical marker[J]. Journal of Agricultural and Food Chemistry，54（13）：4809-4813.

Couvillon M，Toufailia H，Butterfield T，et al.，2015. Caffeinated forage tricks honeybees into increasing foraging and recruitment behaviors[J]. Current Biology. 25（21）：2815-2818.

De-Melo A A M，de Almeida-Muradian L B，Sancho M T，et al.，2018. Composition and properties of Apis mellifera honey：A review[J]. Journal of Apicultural Research，57（1）：5-37.

Gasic U M，Milojkovic-Opsenica D M，Tesic Z L，2017. Polyphenols as possible markers of botanical origin of honey[J]. Journal of Aoac International，100（4）：852-861.

GB14963—2011.

Geana E I，Ciucure C T，2020. Establishing authenticity of honey via comprehensive Romanian honey analysis[J]. Food Chemistry，306.

Guelpa A，Marini F，du Plessis A，et al.，2017. Verification of authenticity and fraud detection in South African honey using NIR spectroscopy[J]. Food Control，73：1388-1396.

Guler A，Bek Y，Kement V，2008. Verification test of sensory analyses of comb and strained honeys produced as pure and feeding intensively with sucrose（Saccharum officinarum L.） syrup[J]. Food Chemistry，109（4）：891-898.

He X J，Wang W X，Qin Q H，et al.，2013. Assessment of flight activity and homing ability in Asian and European honey bee species，Apis cerana and Apis mellifera，measured with radio frequency tags[J]. Apidologie，44（1）：38-51.

Hidalgo F J，Lavado-Tena C M，Zamora R，2020. Conversion of 5-hydroxymethylfurfural into 6-（hydroxymethyl）pyridin-3-ol：A pathway for the formation of pyridin-3-ols in honey and model systems[J]. Journal of Agricultural and Food Chemistry，68（19）：5448-5454.

Hossain M L，Lim L Y，Hammer K，et al.，2021. Honey-based medicinal formulations：A critical review[J]. Applied Sciences-Basel，11（11）：5159.

Hungerford N L，Zhang J，Smith T J，et al.，2021. Feeding sugars to stingless bees：identifying the origin of trehalulose-rich honey composition[J]. Journal of Agricultural and Food Chemistry，69（35）：10292-10300.

Iglesias M T，Lorenzo C D，Polo M，et al.，2004. Usefulness of amino acid composition to discriminate between honeydew and floral honeys. application to honeys from a small geographic area[J]. Journal of Agricultural and Food Chemistry，52（1）：84-89.

Jandrić Z，Frew R D，Fernandez-Cedi L N，et al.，2017. An investigative study on discrimination of honey of various floral and geographical origins using UPLC-QToF MS and multivariate data analysis[J]. Food Control，72：189-197.

Javrková Z，Pospiech M，Ljasovská S，et al.，2021. Numerical methods and image processing techniques for melissopalynological honey analysis[J]. Potravinarstvo，15：58-65.

Kai W，Zheng R，Wan Aq，et al.，2019. Monofloral honey from a medical plant，Prunella Vulgaris，protected against dextran sulfate sodium-induced ulcerative colitis via modulating gut microbial populations in rats[J]. Food & function，10（7）：3828-3838.

Kasolia D，1991. Effects of processing conditions and storage on honey quality[D]. Nairobi：University of Nairobi.

Kortesniemi M，Slupsky C M，Ollikka，T，et al.，2016. NMR profiling clarifies the characterization of Finnish honeys of different botanical origins[J]. Food Research International，86：83-92.

Koulis G A，Tsagkaris A S，Aalizadeh R，et al.，2021. Honey phenolic compound profiling and authenticity assessment using HRMS targeted and untargeted metabolomics[J]. Molecules，26.

León-Ruiz V，Vera S，González-Porto A，et al.，2013. Analysis of water-soluble vitamins in honey by isocratic RP-HPLC[J]. Food Analytical Methods，6：488-496.

Lewoyehu M，Amare M，2019. Comparative evaluation of analytical methods for determining the antioxidant activities of honey：A review[J]. Cogent Food And Agriculture，5（1）：1685059.

Li H X，Wu M J，She S，et al.，2022. Study on stable carbon isotope fractionation of rape honey from rape flowers（Brassica napus L.） to its unifloral ripe honey[J]. Food Chemistry，386.

Li Q，Zeng J，Lin L，et al.，2021. Mid-infrared spectra feature extraction and visualization by convolutional neural network for sugar adulteration identification of honey and real-world application[J]. LWT-Food Science & Technology，140：110856.

Li S，Xin Z，Yang S，et al.，2017. Qualitative and quantitative detection of honey adulterated with high-fructose corn syrup and maltose syrup by using near-infrared spectroscopy[J]. Food Chemistry，218：231-236.

Liu S L，Lang D D，Meng G L，et al.，2022. Tracing the origin of honey products based on metagenomics and machine learning[J]. Food Chemistry，371.

Liu T，Ming K，Wang W，et al.，2021. Discrimination of honey and syrup-based adulteration by mineral element chemometrics profiling[J]. Food Chemistry，343：128455.

Lucia P M，Livia P O，Antonio B，et al.，2004. Sensory analysis applied to honey：state of the art[J]. Apidologie，35（Suppl. 1）：S26-S37.

Manyi-Loh C E，Ndip R N，Clarke A M，2011. Volatile compounds in honey：A review on their involvement in aroma，botanical origin determination and potential biomedical activities[J]. International Journal of Molecular Sciences，12（12）：9514-9532.

Marina A，Dominguez J J，Asa E，et al.，2016. Capillary electrophoresis method for the simultaneous determination of carbohydrates and proline in honey samples[J]. Microchemical Journal，129：1-4.

Molnar C M，Berghian-Grosan C，Magdas D M，2020. An optimized green preparation method for the successful application of Raman spectroscopy in honey studies[J]. Talanta，208.

Morales V，Corzo N，Sanz M L，2008. HPAEC-PAD oligosaccharide analysis to detect adulterations of honey with sugar syrups[J]. Food Chemistry，107（2）：922-928.

Noori A W，Khelod S，Ahmed A G，et al.，2012. Antibiotic，pesticide，and microbial contaminants of honey：human health hazards[J]. The Scientific World Journal，930849.

Pascual-Maté A，Osés S M，Fernández-Muiño M A，et al.，2018. Methods of analysis of honey[J]. Journal of Apicultural Research，57（1）：38-74.

Peter P，Fu Q S，Xia L，et al.，2004. Pyrrolizidine alkaloids-genotoxicity，metabolism enzymes，metabolic activation，and mechanisms[J]. Drug metabolism reviews，36（1）：1-55.

Pires J，Estevinho M L，Feás X，et al.，2010. Pollen spectrum and physico-chemical attributes of heather（Erica sp.）honeys of north Portugal[J]. Journal of the Science of Food & Agriculture，89（11）：1862-1870.

Pita-Calvo C，Guerra-Rodriguez M E，Vazquez，M，2017. A Review of the analytical methods used in the quality control of honey[J]. Journal of Agricultural and Food Chemistry，65（4）：690-703.

Pita-Calvo C，Vázquez M，2017. Differences between honeydew and blossom honeys：A review[J]. Trends in Food Science & Technology，59：79-87.

Portman Z M，Ascher J S，Cariveau D P，2021. Nectar concentrating behavior by bees（Hymenoptera：Anthophila）[J]. Apidologie，52（6）：1169-1194.

Przybyl Owski P，Wilczyńska A，2001. Honey as an environmental marker[J]. Food Chemistry，74（3）：289-291.

Qiao J，Chen L，Kong L，et al.，2020. Characteristic components and authenticity evaluation of rape，acacia，and linden honey[J]. Journal of Agricultural and Food Chemistry，68（36）：9776-9788.

Ribeiro R，Marsico E T，Carneiro C，et al.，2014. Detection of honey adulteration of high fructose corn syrup by Low Field Nuclear Magnetic Resonance（LF 1H NMR）[J]. Journal of Food Engineering，135（aug.）：39-43.

Richardson L L，Bowers M D，Irwin R E，2016. Nectar chemistry mediates the behavior of parasitized bees：consequences for plant fitness[J]. Ecology，97（2）：325-337.

Roy S，Ganguly S，2014. Physical，Chemical and antioxidant properties of honey：A Review[J]. Asian J. Chem. Pharm. Res，2：96-99.

Ruiz-Matute A I，Soria A C，Martínez-Castro I，et al.，2007. A new methodology based on GC-MS to detect honey adulteration with commercial syrups[J]. Journal of Agricultural & Food Chemistry，55（18）：7264-7269.

Sak-Bosnar M，Sakac N，2012. Direct potentiometric determination of diastase activity in honey[J]. Food Chemistry，135（2）：827-831.

Sanz M L，Polemis N，Morales V，et al.，2005. In vitro investigation into the potential prebiotic activity of honey oligosaccharides[J]. Journal of Agricultural and Food Chemistry，53（8）：2914-2921.

Saranraj P，Sivasakthi S，Feliciano G，2016. Pharmacology of honey：A review[J]. Biological Research，10：271-289.

Schievano E，Tonoli M，Rastrelli F，2017. NMR quantification of carbohydrates in complex mixtures：A challenge on honey[J]. Analytical Chemistry，89（24）：13405-13414.

Simova S，Atanassov A，Shishiniova M，et al.，2012. A rapid differentiation between oak honeydew honey and nectar and other honeydew honeys by NMR spectroscopy[J]. Food Chemistry，134（3）：1706-1710.

Soares S，Amaral J S，Oliveira M，et al.，2017. A comprehensive review on the main honey authentication issues：production and origin[J]. Comprehensive Reviews in Food Science and Food Safety，16（5）：1072-1100.

Soares S，Grazina L，Costa J，et al.，2017. Botanical authentication of lavender（ Lavandula spp.） honey by a novel DNA-barcoding approach coupled to high resolution melting analysis[J]. Food Control，86：367-373.

Stevenson P C，Nicolson S W，Wright G A，et al.，2016. Plant secondary metabolites in nectar：Impacts on pollinators and ecological functions[J]. Functional Ecology，31（1）：65-75.

Tafere D A，2021. Chemical composition and uses of Honey：A Review[J]. Journal of Food Science and Nutrition Research，4（3）：194-201.

Tosun M K，Fevzi，2021. Investigation methods for detecting honey samples adulterated with sucrose syrup[J]. Journal of Food Composition and Analysis，101：103941.

Wang J，Li Q X，2011. chemical composition，characterization，and differentiation of honey botanical and geographical origins[J]. Advances in Food and Nutrition Research，62（1）：89-137.

Wang J，Xue X，Du X，et al.，2014. Identification of acacia honey adulteration with rape honey using liquid chromatography-electrochemical detection and chemometrics[J]. Food Analytical Methods，7（10）：2003-2012.

Wang S，Guo Q，Wang L，et al.，2015. Detection of honey adulteration with starch syrup by high performance liquid chromatography[J]. Food Chemistry，172：669-674.

Wang X，Rogers K M，Li Y，et al.，2019. Untargeted and targeted discrimination of honey collected by apis cerana and apis mellifera based on volatiles using HS-GC-IMS and HS-SPME-GC-MS[J]. Journal of Agricultural and Food Chemistry，67（43）：12144-12152.

Wang X R，Rogers K M，Li Y，et al.，2019. Untargeted and targeted discrimination of honey collected by apis cerana and apis mellifera based on volatiles using HS-GC-IMS and HS-SPME-GC-MS[J]. Journal of Agricultural and Food Chemistry，67（43）：12144-12152.

Wu F，Zhao H，Sun J，et al.，2021. ICP-MS-based ionomics method for discriminating the geographical origin of honey of Apis cerana Fabricius[J]. Food Chemistry，354：129568.

Wu L，Du B，Heyden Y V，et al.，2016. Recent advancements in detecting sugar-based adulterants in honey-A challenge[J]. TrAC Trends in Analytical Chemistry，86：25-38.

Yan S，Song M J，Wang K，et al.，2022. Detection of acacia honey adulteration with high fructose corn syrup through determination of targeted α-Dicarbonyl compound using ion mobility-mass spectrometry coupled with UHPLC-MS/MS[J]. Food Chemistry，352：129312.

Yan S，Sun M H，Zhao L L，et al.，2019. Comparison of differences of alpha-dicarbonyl compounds between naturally matured and artificially heated acacia honey：Their application to determine honey quality[J]. Journal of Agricultural and Food Chemistry，67（46）：12885-12894.

Yan S，Wang W，Zhao W，et al.，2023. Identification of the maturity of acacia honey by an endogenous oligosaccharide：A preliminary study[J]. Food Chemistry，399：134005.

Yan S，Wang X，Zhao H M，et al.，2022. Metabolomics-based screening and chemically identifying abundant stachydrine as quality characteristic of rare Leucosceptrum canum Smith honey[J]. Journal of Food Composition and Analysis，114.

Zhang J，Hungerford N L，Yates H S A，et al.，2022. How is trehalulose formed by australian stingless bees?-An intermolecular displacement of nectar sucrose[J]. Journal of Agricultural and Food Chemistry，70（21）：6530-6539.

Zhao H，Cheng N，Zhang Y，et al.，2018. The effects of different thermal treatments on amino acid contents and chemometric-based identification of overheated honey[J]. LWT-Food Science and Technology，96：133-139.

Zhao T，Zhao L W，Wang M，et al.，2023. Identification of characteristic markers for monofloral honey of Astragalus

membranaceus var. mongholicus Hsiao：A combined untargeted and targeted MS-based study[J]. Food Chemistry，404.
Zhou X，Taylor M P，Salouros H，et al.，2018. Authenticity and geographic origin of global honeys determined using carbon isotope ratios and trace elements[J]. Entific Reports，8（1）：14639.
刁青云，代平礼，周军，2022. 2018～2020 年世界蜂群分布及蜂蜜生产[J]. 中国蜂业，73（6）：3.
李丹，王守伟，臧明伍，等，2016. 美国应对经济利益驱动型掺假和食品欺诈的经验及对我国的启示[J]. 食品科学，37（7）：5.
毛永杨，宁德兴，李智高，等，2021. 我国蜂蜜产业发展的现状研究[J]. 现代食品，（23）：6.
高芸，刘剑，赵芝俊，等. 2022. 全球蜂蜜贸易分析及未来展望[J]. 农业展望，18（5）：112-117.
王文强，文豪，张文众，等，2019. 基于美国药典委 EMA 数据库的全球经济利益驱动型掺假和食品欺诈的分析[J]. 食品安全质量检测学报，10（3）：7.
许正鼎，2022. 中国蜂产业 2021 年度报告[J]. 畜牧产业，（4）：7.
袁琛凯，陈彬，石敏，等，2021. 蜂蜜产业及质量安全概况和检测技术研究进展[J]. 当代畜牧，（06）：30-34.
赵浩安，2021. 基于多组学的中蜂蜂蜜对氧化应激相关炎症反应的影响机制研究[D]. 西安：西北大学.

第二章
基于低聚糖对蜂蜜质量控制的研究

蜂蜜本是蜜蜂采集、酿造至成熟的天然甜味食品。但蜂蜜消费量的增长也伴随着人们对这种最为古老的天然食品质量的担忧。人工浓缩蜂蜜的出现严重影响了蜂蜜的声誉和消费者对蜂蜜的信心。2019年和2020年，国际蜂联强烈声明，未成熟的蜂蜜通过各种技术设备主动脱水，都被认定为欺诈，该类产品也不能作为“蜂蜜”销售。根据食品法典委员会对蜂蜜的定义，“蜂蜜”本身就涵盖了“成熟”的意义，为了有效区分人工浓缩蜂蜜，突出蜂蜜的成熟度，“成熟蜂蜜”被越来越多的使用。

科学、准确评价蜂蜜的成熟品质一直是蜂业领域的研究难点。目前，蜂蜜品质的评价方法主要包括蜂蜜基础理化指标和对外源添加物的识别两方面。蜂蜜的基础理化指标，包括水分、还原糖、酶值、酸度等，这些指标是所有蜂蜜产品均需要满足的基础性规范，无法区分自然酿造成熟蜂蜜和其它蜂蜜产品；蜂蜜中外源添加物的鉴别方法，主要包括碳同位素比率法鉴别玉米等碳-4植物糖浆，液相色谱-高分辨质谱法鉴别大米糖浆特征物、甜菜糖浆特征物等。这些指标可有效识别蜂蜜中的外源添加物，但是对蜂蜜天然形成的内在品质无法准确判别，也无法区分人工浓缩蜂蜜和自然成熟蜂蜜。

在蜂蜜的酿造过程中，糖的生物转化是蜂蜜品质形成的关键，最终蜂蜜中的糖含量占到约70%，除葡萄糖和果糖这两种主要的单糖外，在成熟蜂蜜中还鉴定出18种低聚糖，包括异麦芽酮糖、麦芽酮糖、松三糖、松二糖等。蜂蜜的酿造是一个复杂的生物转化过程，在酿造过程中，成分较单一的花蜜变成了营养价值更高的蜂蜜。花蜜的成分较简单，主要成分是水和糖类，糖类包括蔗糖、果糖和葡萄糖。花蜜中这三种糖的含量取决于花蜜分泌前或是期间细胞壁转化酶水解蔗糖成为果糖和葡萄糖的程度。蔗糖的生物转化在蜜蜂采集花蜜进入蜜囊内时继续进行，这些酶来自蜜蜂的唾液系统和咽下腺的分泌液中。当未成熟蜂蜜进入蜂巢内，伴随着脱水，糖的构成也发生了明显的变化，最终水分含量会降到约17%，蔗糖含量小于5%。例如，在刺槐蜂蜜酿造成熟过程中，由最初花蜜中蔗糖含量>50%，葡萄糖含量<5%，果糖含量<15%，到成熟刺槐蜂蜜蔗糖含量<2%，葡萄糖含量>25%，果糖含量>40%。在对花蜜的生物转化中，蜂蜜中的酶有至关重要的作用。已报道蜂蜜中的主要酶类包括淀粉酶、蔗糖转化酶、葡萄糖氧化酶、β-葡萄糖苷酶、过氧化氢酶和酸性磷酸酶等。目前，蜂蜜酿造成熟过程中，除对蔗糖等极少数糖类的转化机制有相关解析外，更多低聚糖的产生、积累或代谢规律并不清楚。

蜂蜜充分酿造是成熟蜂蜜品质形成的必要过程。明确蜂蜜成熟过程中糖等小分子的变化规律，筛选能鉴别蜂蜜成熟度的特征低聚糖指标，是科学评价成熟蜂蜜品质的关键。本部分将以刺槐蜂蜜为研究对象，基于代谢组学的分析策略，明确蜂蜜成熟过程中主要低聚糖的变化规律，筛选能表征蜂蜜酿造成熟度的指标，为蜂蜜品质提升提供新的方向和参考依据。

第一节　蜂蜜中低聚糖的分布特点

一、样品收集

在 2021 年 5 月下旬刺槐花期期间，从中国陕西省延安市的 6 个养蜂场收集了实验用刺槐蜂蜜。合作社的养蜂人每隔 4 天收集两次未封盖蜜，即为未成熟蜜（IMH）。第 1 天获得 13 个样品，标记为 AH1-1～AH1-13，第 5 天获得 14 个样品，标记为 AH5-1～AH5-14。第 10 天收集了 13 个样品，标记为 AH10-1～AH10-13，第 15 天收集到 11 个样品，标记为 AH15-1～AH15-11。另外收集了 51 个封盖刺槐蜂蜜，即为成熟刺槐蜂蜜，用 MH 表示。此外，从中国不同城市的市场购买了 500 个在货架期内的商业刺槐蜂蜜样品。所有刺槐蜂蜜样品均通过显微镜进行孢粉学检查，以确保这些样品中刺槐花粉超过总花粉 30%，具体操作参照 Qiao 等人报道的方法。收集的蜂蜜样品在 4℃保存直至分析。

二、主要试验方法

气相色谱-质谱（GC-MS）分析。根据 Ruiz-Matute 等人之前报道的方法从蜂蜜样品中制备低聚糖分析样品。样品首先溶于 80%乙醇中形成 0.02g/mL 的溶液，氮吹后进行衍生。首先加入 0.35mL 盐酸羟胺吡啶溶液（25mg/mL），在 75℃下加热 30min 衍生成肟后，加入 0.35mL 六甲基二硅氮烷和 0.035mL 的三氟乙酸。反应结束后，样品在 4℃下 12000r/min 离心 10min，取上清液 1mL 进行进样。

制备好的样品用 QP 2010 GC-MS 系统检测（岛津，日本）。采用 DB-5-MS 毛细管柱（30m × 0.25mm × 0.25μm），载气为氦气，平均流速为 1mL/min；用自动进样器将样品溶液吸取 2μL 注入 GC-MS。进样口温度维持在 300℃，采用 1∶5 的分流模式。柱温升温程序如下：初始温度为 95℃，以 20℃/min 的速率上升到 130℃；3min 后，以 30℃/min 升至 200℃，保持 6.5min 后，上升到 270℃，并保持 6.5min。最后，以 15℃/min 升至 320℃，并保持 5min。

质谱条件，在 70eV 的 EI 模式下，采用选择离子监测（SIM），扫描质量范围 m/z 为 50～800。传输器温度为 280℃，离子源温度为 230℃，溶剂延迟设为 10min。NIST 数据库用来分析和鉴定低聚糖化合物。通过比较糖标准品的保留时间和质谱确定蜂蜜样品中的低聚糖种类。

三、刺槐蜂蜜样品的水分含量分析结果

水分是评价蜂蜜质量的重要标准，它决定了蜂蜜的保质期和抗发酵劣变的程度。同时，水分含量也是判断蜂蜜成熟度的重要参考指标。欧盟标准和食品法典委员会标准规定，蜂蜜中的水分含量必须低于 20%才能拥有较长的保质期。刺槐蜂蜜样品的含水量见表 2-1。在 15 天的时间里，蜂蜜逐渐脱水，水分含量显著下降。第 1 天和第 5 天的蜜样是未成熟的，因为水分含量高，且并未封盖。10 天和 15 天的蜂蜜来自封盖的巢脾，它们正在经历后成熟过程。到第 10 天，部分样品的含水量下降到 20%以下。到第 15 天，所有蜂蜜样品都充分脱水（含水量低于 20%）。

然而，含水量不能作为蜂蜜成熟与否的唯一决定性因素。在某些情况下，例如由于天气和气候的原因，即使是已封盖蜂蜜中的水分含量也会超过 20%，有时会采用加热来降低蜂蜜的水分含量，以延长其保质期。然而，热处理也有不足，如热敏性成分的损失和潜在毒性物质的形成。因此，必须考虑更多的指标参数，以确保蜂蜜通过蜂巢中的自然过程脱水至成熟。

表 2-1　刺槐蜂蜜成熟过程中水分含量变化

样品	天数/d	数量/个	水分含量/%
IMH-1	1	13	23.6 ± 1.5^{a}
IMH-5	5	14	20.9 ± 0.8^{b}
MH-10	10	13	19.5 ± 1.0^{bc}
MH-15	15	11	18.7 ± 1.2^{c}

注：1. IMH，收集于第一天和第五天的未成熟刺槐蜂蜜。

2. MH，收集于第十天和第十五天的成熟刺槐蜂蜜。

小写字母表示差异显著（$p < 0.05$）。

四、不同成熟阶段刺槐蜂蜜中低聚糖的种类和含量分布

本研究采用气相色谱-质谱联用技术对不同成熟阶段刺槐蜂蜜中的微量糖进

行了分析。如图 2-1b 所示，不同成熟度的刺槐蜂蜜样品具有明显不同的低聚糖图谱。图 2-1a 为各种糖标准品的色谱图。通过与糖标准品的保留时间和质谱比较，鉴定出各种蜂蜜样品中的低聚糖主要包括蔗糖、黑曲霉糖、松二糖、麦芽酮糖、麦芽糖、曲二糖、异麦芽酮糖、龙胆二糖、异麦芽糖、蔗果三糖、吡喃葡糖基蔗糖和松三糖，这个结果与 He 等人和 Schievano 等人的研究结果一致。

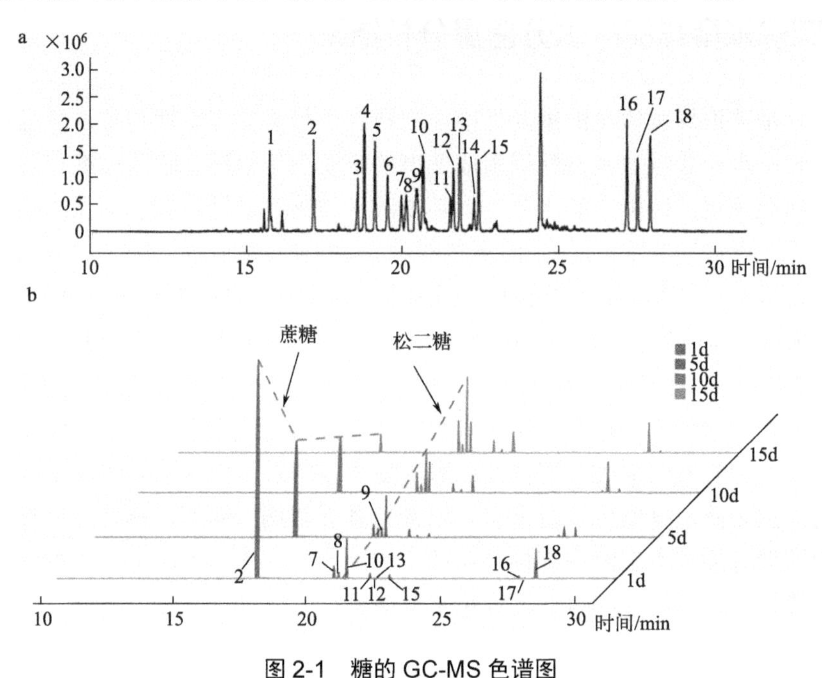

图 2-1　糖的 GC-MS 色谱图

a—18 个糖标品的色谱图（1—蜜三糖，2—蔗糖，3—α，α-海藻糖，4—α，β-海藻糖，5—β，β-海藻糖，6—昆布二糖，7—麦芽酮糖，8—黑曲霉糖，9—松二糖，10—麦芽糖，11—曲二糖，12—龙胆二糖，13—异麦芽酮糖，14—蜜二糖，15—异麦芽糖，16—蔗果三糖，17—吡喃葡糖基蔗糖，18—松三糖）；b—不同成熟度刺槐蜂蜜的糖的色谱图

据我们所知，只有少数研究报道了刺槐蜂蜜中的微量糖。Zuccato 等人（2017）通过核磁共振（NMR）鉴定并定量了 7 种蜂蜜中的 11 个双糖和 7 个三糖。核磁共振质谱的局限性在于其固有的低灵敏度和样品的高消耗，因此该法难以广泛推广。高效液相色谱法（HPLC）是目前最常用的寡糖定量技术，但与 GC 方法相比，不适合定性分析、灵敏度相对较低。气相色谱具有高灵敏度和准确性的特点，但需要衍生化以形成低聚糖相应的挥发物。然而，GC-MS 克服了高效液相色谱法的缺点。我们的结果与 Seng 等人使用 GC-MS 研究中国刺槐蜂蜜的结果一致，说明该方法比较稳定，易于重复。

进一步，我们采用代谢组学的策略来筛选刺槐蜂蜜中可区分不同成熟阶段的特征低聚糖。如图 2-2a 所示，不同成熟阶段的刺槐蜂蜜色谱峰面积不同，对这些蜜样低聚糖峰面积进行主成分分析（PCA）。在这些样品中，15 天的刺槐蜂蜜与其他的蜂蜜样品差异最大。为了筛选出造成这些刺槐蜂蜜样品显著差异的特征低聚糖，进一步进行了有监督的正交偏最小二乘法（OPLS-DA）分析（图 2-2b）。OPLS-DA 更关注组间差异，从而相对减少组内差异，因此具有比 PCA 更好的判别能力。所有刺槐蜂蜜样品均在 95%的置信区间内，且四组间差异显著。OPLS-DA 模型有两个关键参数（R^2[绿色]和 Q^2[蓝色]），它们共同表征了模型与数据的拟合程度（图 2-2c）。具体来说，一个好的模型的 R^2 接近于 1，Q^2 低于 0.05。在本研究中建立的模型中，R^2 为 0.67，Q^2 为−0.832。因此，该 OPLS-DA 模型是符合要求的（图 2-2c）。基于 OPLS-DA 模型，获得 VIP 值（表 2-2）。在 VIP 值大于 1 的 5 种寡糖中，松二糖对这些不同成熟度刺槐蜂蜜样品的差异贡献最大。

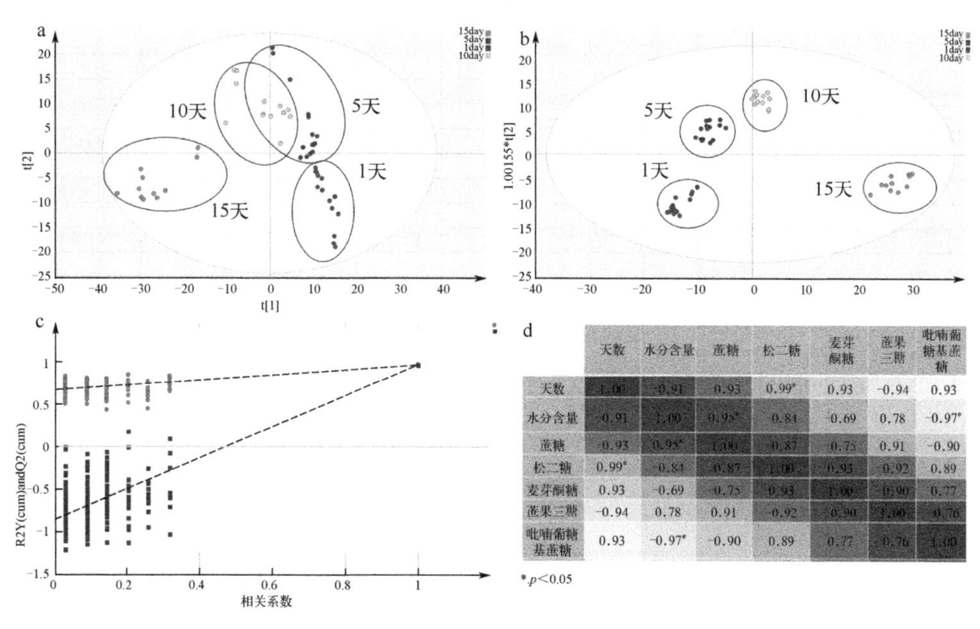

图 2-2 基于低聚糖分布区分不同成熟度的刺槐蜜

a—用 PCA 分析不同成熟阶段的刺槐蜜样品的散点图；b—用 OPLS-DA 区分不同成熟阶段的刺槐蜜样品的散点图；c—OPLS-DA 模型的验证图；d—酿造天数与低聚糖的相关性分析

为了进一步确定蜂蜜中低聚糖与成熟阶段的关系，我们分析了低聚糖、含水量和天数之间的相关性（图 2-2d）。刺槐蜂蜜的含水量与成熟度并无显著相关性（p>0.05），这与实际在蜂蜜生产中的现象相吻合。水分含量分别与蔗糖、吡喃葡糖基蔗糖含量显著相关。掺入糖浆的蜂蜜蔗糖含量较低，当蜜蜂被喂食糖浆时，吡喃葡糖基蔗糖含量会随着时间的推移显著增加。在本研究检测到的微量低聚糖中，只有松二糖含量与刺槐蜂蜜的成熟度显著相关（$p<0.05$）。

表 2-2　基于 OPLS-DA 筛选出的差异低聚糖

序号	化合物	VIP
1	松二糖	2.61
2	蔗糖	1.82
3	吡喃葡糖基蔗糖	1.53
4	麦芽酮糖	1.36
5	蔗果三糖	1.09

天然存在于蜂蜜中的松二糖是一种蔗糖异构体，亦是一种很有前景的功能性甜味剂，具有较低的血糖生成指数。在已有的报道中，松二糖已被用来鉴别蜂蜜的真实性。然而，据我们所知，还没有利用松二糖来确定蜂蜜成熟度的报道。非常有趣的是，在第一天的刺槐蜜样中几乎没有检测到松二糖，且随着刺槐蜂蜜的成熟，松二糖含量逐渐增加。由此，我们推测松二糖很可能是由蜜蜂分泌的酶利用蔗糖转化而来的。Park 等（2016）报道淀粉蔗糖酶可以使蔗糖异构化生成松二糖，但在蜜蜂酿造过程中形成松二糖的确切机制还有待进一步研究。总之，松二糖是一种内源性低聚糖，且随着蜜蜂在蜂巢中对蜂蜜酿造时间的延长而逐渐积累。

第二节　基于松二糖鉴别蜂蜜品质

一、样品收集

参见本章第一节。

二、主要试验方法

UPLC-ELSD 分析。参照 Zhou 等人的方法，每种蜂蜜样品称取 5g，放入装有 40mL 去离子水的烧杯中。用玻璃棒搅拌使样品完全溶解后，将溶液转移到 100mL 容量瓶中，用乙腈校正体积并充分混合。混合后的溶液通过 0.2μm 的尼龙膜过滤备用。

3μL 滤液通过 BEH Amide 色谱柱[2.1mm × 150mm，2.5μm（Waters，爱尔兰）]，注入超高效液相色谱-蒸发光散射检测器（UPLC-ELSD）系统。色谱分离的流速为 0.25mL/min，温度为 60℃。二元梯度洗脱系统是由 0.1%的三乙胺乙腈（A）和水（B）组成，分离是通过使用以下梯度程序实现的：0min（10% B），0～3min（10% B），3～10min（10%～20% B），10～23min（20% B），23～26min（20%～35% B），26～28min（35% B），28～29min（35%～10% B），29～35min（10% B）。分析松二糖时，蒸发光散射检测器是在加热喷雾器模式操作，漂移管温度 75℃，气体压力为 40psi（1psi=6.89kPa）。

三、UPLC-ELSD 定量不同成熟阶段刺槐蜂蜜中的松二糖

UPLC-ELSD 是一种简便、快速的适合分析糖的方法。使用松二糖标准溶液（1.0g/L）优化梯度洗脱和检测条件，最终确定如前面材料和方法部分所述的仪器条件。用所建立的方法，可以较好地在色谱上分离得到保留时间为 13.9min 的松二糖，如图 2-3 所示。采用依次稀释的 0.1g/L、0.5g/L、1.0g/L、2.0g/L、5.0g/L 的松二糖标准溶液建立松二糖标准曲线。通过绘制峰面积的对数（y）与标准糖溶液浓度的对数（x）得到标准曲线，其表达式为：y=1.70x+7.90（R^2=0.9991）。所建立的松二糖标准曲线在 0.1～5.0g/L 之间呈线性关系。在三种加标浓度（0.5g/L、1.0g/L 和 2.0g/L）下，对该方法的准确性进行了评估，回收率分别为 98.2%、101.6% 和 97.5%。该方法的检测限（LOD）和定量限（LOQ）分别为 0.05g/L 和 0.1g/L。

用所建立的定量方法分析不同成熟度刺槐蜂蜜中的松二糖含量，详细结果见表 2-3。如图 2-4a 所示，一天的刺槐蜂蜜样品中含有微量的松二糖，这表明植物花蜜中松二糖含量很少或没有。Gismondi 等（2018）研究了刺槐花蜜到刺槐蜂蜜的化合物转化情况，也表明在花蜜中未发现松二糖，这与我们的结果是一致的。到第 5 天时，刺槐蜜样中的松二糖含量在 0.29～0.45g/100g 之间。在封盖后，蜂蜜的后熟过程继续进行着，松二糖继续积累。在第 10 天的样品中，松二糖增加到 1.58g/100g，与第 5 天的样品相比松二糖含量显著增加（p<0.05）。到第 15 天，松二糖含量急剧上升，在 2.08～2.65g/100g 之间。15 天后，松二糖含量略有增加，达到峰值约为 2.80g/100g。我们的结果与 Schievano 等人之前对成熟刺槐蜂蜜中低聚糖的检测结果非常一致，根据核磁共振质谱的测量结果，松二糖的平均含量为 2.12g/100g。基于初步的研究，我们认为成熟的刺槐蜂蜜中松二糖的含量应大于 1.20g/100g。

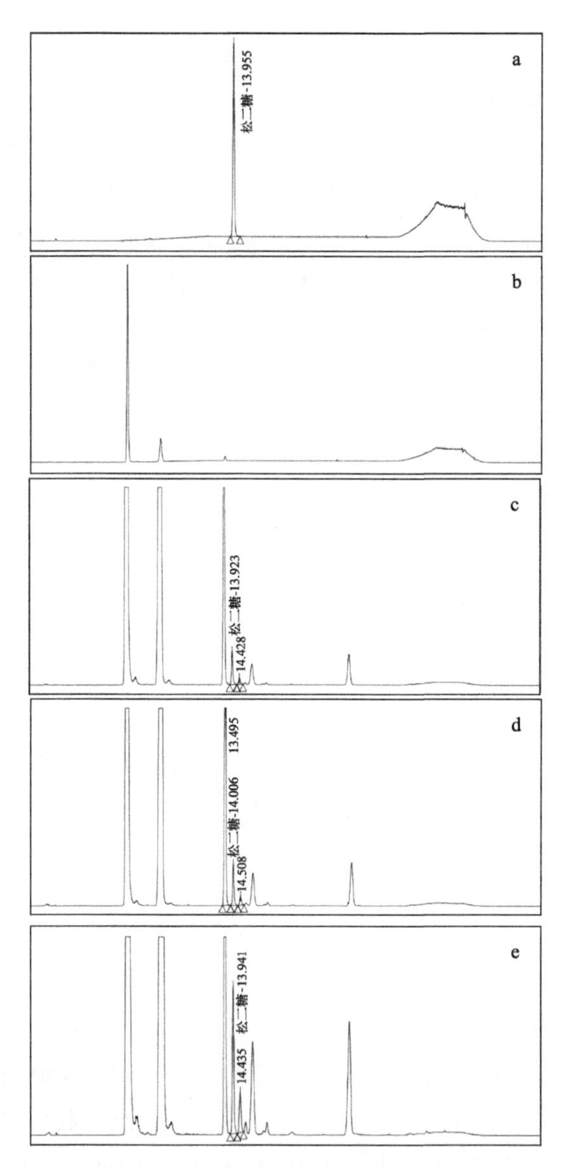

图 2-3　基于 UPLC-ELSD 的松二糖色谱分析结果

a—松二糖标品；b—1 天的刺槐蜂蜜；c—5 天的刺槐蜂蜜；d—10 天的刺槐蜂蜜；e—15 天的刺槐蜂蜜

表 2-3　不同成熟阶段刺槐蜂蜜中的松二糖含量

样品	含量/（g/100g）	样品	含量/（g/100g）
AH1-1	—	AH1-3	—
AH1-2	—	AH1-4	—

续表

样品	含量/（g/100g）	样品	含量/（g/100g）
AH1-5	—	AH10-2	1.73±0.09
AH1-6	—	AH10-3	1.58±0.03
AH1-7	—	AH10-4	1.24±0.06
AH1-8	—	AH10-5	1.59±0.01
AH1-9	—	AH10-6	1.62±0.04
AH1-10	—	AH10-7	1.69±0.06
AH1-11	—	AH10-8	1.65±0.10
AH1-12	—	AH10-9	1.48±0.01
AH1-13	—	AH10-10	1.65±0.05
AH5-1	0.33±0.02	AH10-11	1.36±0.08
AH5-2	0.29±0.05	AH10-12	1.79±0.04
AH5-3	0.32±0.03	AH10-13	1.55±0.07
AH5-4	0.42±0.02	AH15-1	2.65±0.06
AH5-5	0.30±0.04	AH15-2	2.53±0.03
AH5-6	0.45±0.01	AH15-3	2.08±0.04
AH5-7	0.37±0.06	AH15-4	2.12±0.15
AH5-8	0.31±0.04	AH15-5	2.36±0.13
AH5-9	0.41±0.01	AH15-6	2.28±0.03
AH5-10	0.29±0.03	AH15-7	2.45±0.11
AH5-11	0.40±0.03	AH15-8	2.24±0.04
AH5-12	0.32±0.02	AH15-9	2.17±0.12
AH5-13	0.38±0.05	AH15-10	2.54±0.02
AH5-14	0.36±0.04	AH15-11	2.48±0.08
AH10-1	1.62±0.06		

四、市场上刺槐蜂蜜样品中松二糖含量分析

我们用建立的UPLC-ELSD方法分析了来自中国各地市场的500个商业刺槐蜂蜜样品中的松二糖含量。这些样品中的松二糖含量在0.72g/100g到2.85g/100g

之间。如图2-4b所示，在这些样品中，22.8%的刺槐蜂蜜样品中松二糖含量低于1.20g/100g。根据我们的初步结果，我们怀疑这些样品是不成熟的刺槐蜂蜜。此外，63.6%的商业刺槐蜂蜜样品中的松二糖含量在1.20g/100g到2.00g/100g之间，13.6%的样品中松二糖含量更高，在2.00g/100g到2.85g/100g之间。考虑到松二糖的功能特性以及在蜂蜜成熟过程中其含量逐渐增加，我们认为松二糖适合作为确定蜂蜜成熟度等级的标志物。

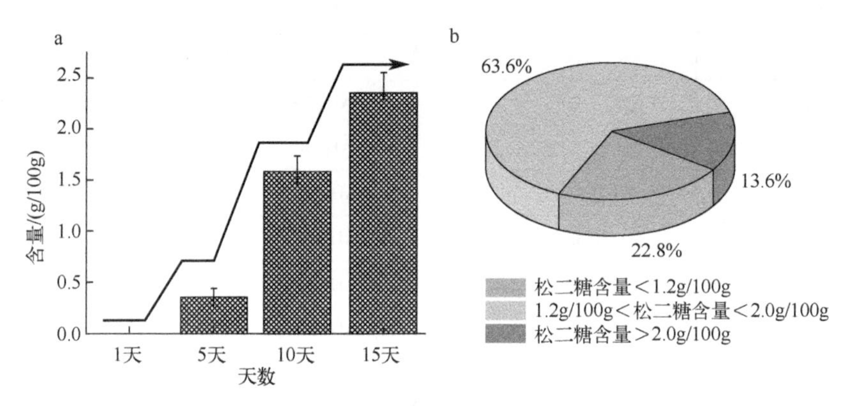

图2-4　刺槐蜂蜜样品中松二糖含量

a—在不同成熟期刺槐蜂蜜的松二糖含量变化；b—500个刺槐蜂蜜样品中松二糖含量的分布

我们通过GC-MS分析了刺槐蜂蜜中的微量低聚糖，并结合代谢组学策略筛选出区分不同成熟度刺槐蜂蜜的低聚糖。随着成熟时间的延长，刺槐蜂蜜中的松二糖含量逐渐升高，且成熟时间与松二糖含量呈显著相关（$p<0.05$）。为了准确定量蜜样中松二糖的含量，我们建立了UPLC-ELSD的方法。根据所建立的方法，当松二糖含量≥1.20g/100g时，可认为是成熟的刺槐蜂蜜。基于此，我们对500个商业刺槐蜜进行了分析，其中仅有77.2%的样品中的松二糖含量达到满意的水平。本研究为蜂蜜的质量评价提供了一个新的可供选择的指标和相应的评价方法。

参考文献

Apolinar-Valiente R，Williams P，Doco，T，2020. Recent advances in the knowledge of wine oligosaccharides[J]. Food Chemistry，342：128330.

Ciursa P，Oroian M，2021. Rheological behavior of honey adulterated with agave，maple，corn，rice and inverted sugar syrups[J]. Scientific Reports，11（1）：23408.

Elisabetta S，Marco S，Valentina Z，et al.，2020. NMR carbohydrate profile in tracing acacia honey authenticity[J]. Food

Chemistry，309：125788.

Gismondi A，Rossi S D，Canuti L，et al.，2018. From Robinia pseudoacacia L. nectar to Acacia monofloral honey：biochemical changes and variation of biological properties[J]. Journal of the Science of Food and Agriculture，98（11）：4312-4322.

He C，Liu Y，Liu H，et al.，2019. Compositional identification and authentication of Chinese honeys by 1H NMR combined with multivariate analysis[J]. Food Research International，130：108936.

Huang B M，Zha Q L，Chen T B，et al.，2018. Discovery of markers for discriminating the age of cultivated ginseng by using UHPLC-QTOF/MS coupled with OPLS-DA[J]. Phytomedicine，45：8-17.

Lidija S，Saša P，Josip R，et al.，2017. Characterization of Satsuma mandarin（*Citrus unshiu* Marc.） nectar-to-honey transformation pathway using FTIR-ATR spectroscopy[J]. Food Chemistry，232：286-294.

Liu T，Ming K，Wang W，et al.，2021. Discrimination of honey and syrup-based adulteration by mineral element chemometrics profiling[J]. Food Chemistry，343：128455.

Ouchemoukh S，Louaileche H，Schweitzer P，2007. Physicochemical characteristics and pollen spectrum of some Algerian honeys[J]. Food Control，18（1）：52-58.

Park M O，Lee B H，Lim E，et al.，2016. Enzymatic process for high-yield turanose production and its potential property as an adipogenesis regulator[J]. Journal of Agricultural & Food Chemistry，64（23）：4758-4764.

Pita-Calvo C，Guerra-Rodriguez M E，Vazquez M，2017. A review of the analytical methods used in the quality control of honey[J]. Journal of Agricultural and Food Chemistry，65（4）：690-703.

Pita-Calvo C，Vázquez M，2016. Differences between honeydew and blossom honeys：A review[J]. Trends in Food Science & Technology，59：79-87.

Qiao J，Li H K，Ling J D，et al.，2020. Characteristic components and authenticity evaluation of rape，acacia，and linden honey[J]. Journal of Agricultural and Food Chemistry，68（36）：9776-9788.

Ruiz-Matute A I，Soria A C，Martínez-Castro I，et al.，2007. A new methodology based on GC-MS to detect honey adulteration with commercial syrups[J]. Journal of Agricultural & Food Chemistry，55（18）：7264-7269.

Schievano E，Tonoli M，Rastrelli，F 2017. NMR quantification of carbo-hydrates in complex mixtures. A challenge on honey[J]. Analytical Chemistry，89：13405-13414.

Seng S，Chen L，Song H，et al.，2019. Discrimination of geographical origins of Chinese acacia honey using complex～（13）C/～（12）C，oligosaccharides and polyphenols[J]. Food Chemistry，272：580-585.

Seraglio S，Schulz M，Brugnerotto P，et al.，2021. Quality，composition and health-protective properties of citrus honey：A review[J]. Food Research International，143（8）：110268.

Solayman Md，Asiful，Islam，et al.，2016. Physicochemical properties，minerals，trace elements，and heavy metals in honey of different origins：A comprehensive review[J]. Comprehensive Reviews in Food Science & Food Safety，15（1）：219-233.

Sun J，Zhao H，Wu F，et al.，2021. Molecular mechanism of mature honey formation by GC-MS-and LC-MS-based metabolomics[J]. Journal of Agricultural and Food Chemistry，69（11）：3362-3370.

Vyviurska O，Chlebo R，Pysarevska S，et al.，2016. The tracing of VOC composition of acacia honey during ripening stages by comprehensive two - dimensional gas chromatography[J]. Chemistry & Biodiversity，13（10）：1316-1325.

Wang Q，Zhao H，Xue X，et al.，2019. Identification of acacia honey treated with macroporous adsorption resins using HPLC-ECD and chemometrics[J]. Food Chemistry，309：125656.

Wu L，Du B，Heyden Y V，et al.，2016. Recent advancements in detecting sugar-based adulterants in honey – A challenge[J]. TrAC Trends in Analytical Chemistry，25-38.

Wytrychowski M，Daniele G，Casabianca H，2012. Combination of sugar analysis and stable isotope ratio mass spectrometry to detect the use of artificial sugars in royal jelly production[J]. Analytical & Bioanalytical Chemistry，403（5）：1451-1456.

Yan S，Ming H，Sun L L，et al.，2019. Comparison of differences of α-dicarbonyl compounds between naturally matured and artificially heated acacia honey：Their application to determine honey quality[J]. Journal of Agricultural and Food Chemistry，67（46）：12885-12894.

Zhou J，Qi Y，Ritho J，et al.，2014. Analysis of maltooligosaccharides in honey samples by ultra-performance liquid chromatography coupled with evaporative light scattering detection[J]. Food Research International，56：260-265.

叶梦迪，2015. 油菜蜂蜜成熟过程中蛋白质和糖分变化的研究[D]. 杭州：浙江工商大学.

张国志，张言政，李珊珊，等，2021. 蜂蜜中的酶及其在蜂蜜质量控制中的应用[J]. 食品安全质量检测学报，12（21）：8.

第三章
基于美拉德产物对蜂蜜质量控制的研究

蜂蜜是典型的高糖食品，也是适合长期储存的食品，但在储存过程中极易发生美拉德反应。5-羟甲基糠醛（5-HMF）是蜂蜜储存过程中重要的美拉德中间体。大多数研究显示，新蜂蜜中含有极少的 5-HMF，其含量在储存过程中逐渐增加，因此，5-HMF 可作为蜂蜜贮藏过程中评价蜂蜜品质的重要指标。

在美拉德反应中，5-HMF 是 3-脱氧葡萄糖醛酮（3-DG）的降解产物。如图 3-1 所示，具有活性基团的糖（如葡萄糖）在氨基酸存在下会形成席夫碱，它很容易转化为稳定的 Amadori 化合物。在接下来的进展阶段，这些 Amadori 化合物进一步降解形成*α*-二羰基化合物（*α*-DCs），包括 3-DG、甲基乙二醛（MGO）、2,3-丁二酮（2,3-BD）、乙二醛（GO）和葡萄糖酮（GS）等。此外，这些*α*-DCs 可以通过其它途径形成，如 Wolff 途径和 Namiki 途径。高活性*α*-DCs 很容易与蛋白质的赖氨酸或精氨酸残基发生反应，产生高级糖基化终产物（AGEs），典型的是吡啶、*N*-*ε*-（羧乙基）赖氨酸（CEL）、*N*-*ε*-（羧甲基）赖氨酸（CML）和甲基乙二醛衍生的 MG-Hs 等。

蜂蜜在世界范围内是一种重要的经济食品。因其令人愉悦的香气和味道、高营养价值和潜在的治疗功能而受到许多文化的推崇。鉴于其具有许多优越的营养和烹饪特性，天然蜂蜜的价格远高于糖浆，如精制玉米糖浆（CS）、大米糖浆（RS）、甜菜糖浆（BS）和麦芽糖糖浆（MS）等。在蜂蜜市场上，一些商人试图利用价格差异所带来的经济优势，使用这些较便宜的糖浆稀释蜂蜜。在世界范围内，糖浆掺假蜂蜜一直都是备受关注的最为严重的蜂蜜质量问题。蜂蜜掺假不仅会影响蜂蜜的质量，而且会对蜂蜜产品声誉产生负面影响，从而损害养蜂业。因此，迫切需要开发出有效检测糖浆掺假蜂蜜的方法，以使消费者放心，确保贸易公平。在第一章部分，我们已经简要介绍了糖浆掺假蜂蜜鉴别方法的发展，然而新型的掺假手段层出不穷，给掺假鉴别带来了新的挑战，更为简单、准确、能同时鉴别多种糖浆类型掺假的方法是目前急需的。为此，我们也对新的糖浆掺假蜂蜜鉴别方法进行了开发。

美拉德反应产物是评价蜂蜜质量的一个非常有用的工具。许多热过程产物，特别是*α*-二羰基化合物（*α*-DCs）和 5-HMF 是在热处理或长期储存过程中形成的高活性中间体。因此，*α*-DCs 和 5-HMF 可作为过热加工食品质量指标。然而，最近的报道表明，5-HMF 是热不稳定的，可转化为其它化合物，如吡啶。值得注意的是，食品的过热灭菌或热加工已被发现是形成*α*-DCs 的主要原因。糖浆是典型的受热工业品，形成糖浆和蜂蜜的原料和加工方法明显不同，我们认为在蜂蜜和糖浆之间*α*-DCs 的组成和含量会有所差异。因此，我们将基于*α*-DCs 建立区分糖浆掺假蜂蜜的新方法。

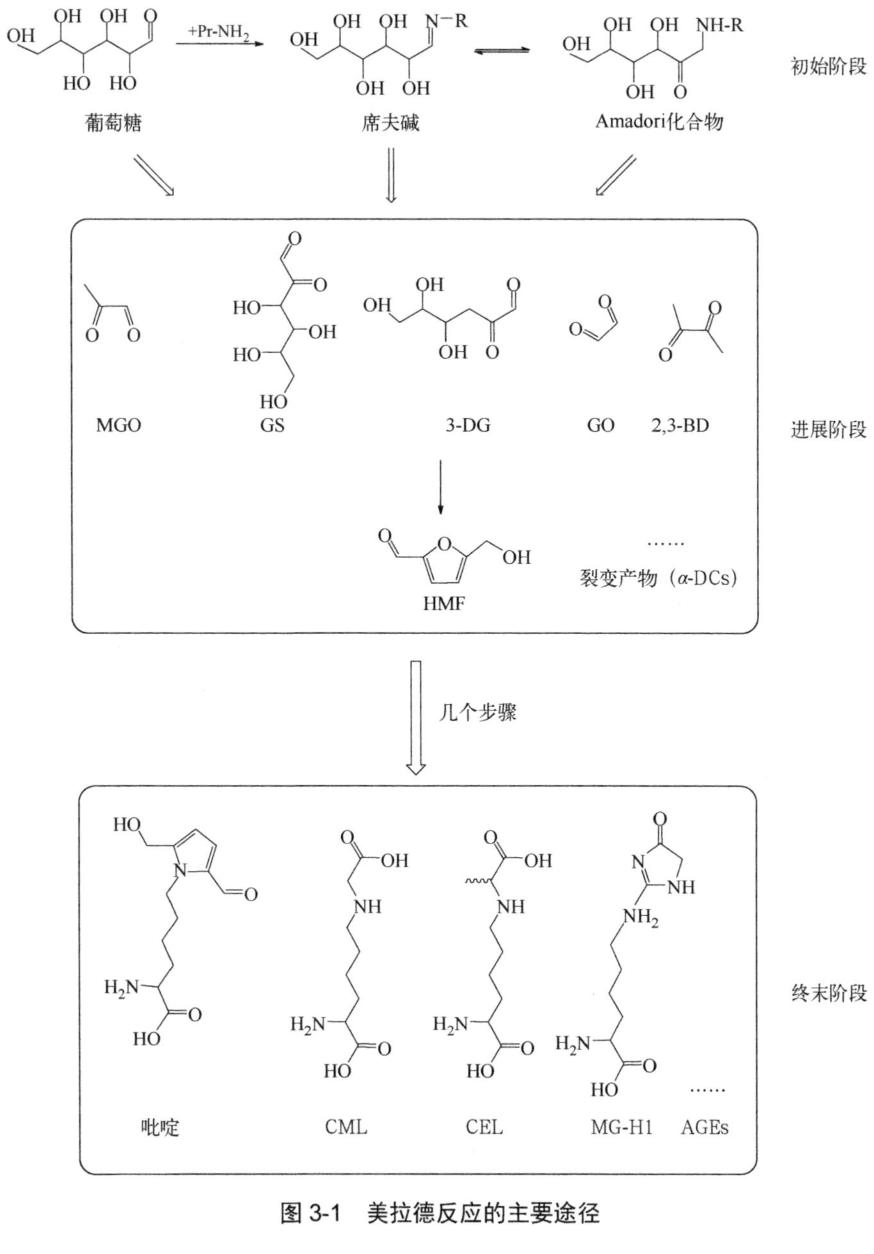

图 3-1　美拉德反应的主要途径

此外，自然成熟蜂蜜和热浓缩蜂蜜受热条件不同，α-二羰基化合物和 Amadori 化合物是在美拉德反应中先于 5-HMF 生成的物质，对它们能否作为鉴别热浓缩蜜和成熟蜂蜜的指标，我们也进行了探究。

第一节　α-二羰基化合物在鉴别蜂蜜质量中的研究

一、鉴别热浓缩蜜

（一）样品收集

养蜂合作社的蜂农在刺槐花期时每2天收集一次刺槐花蜜，收集样品30份（标记为A-1至A-30）。3天后，分别在不同温度（45℃、50℃、55℃、60℃、65℃、70℃、75℃和80℃）下，模拟实际生产条件，得到热浓缩蜂蜜（AHAH）样品。每次处理需要1kg刺槐花蜜，并使用三个平行样品作为技术重复，以减少试验误差。

30份自然成熟刺槐蜂蜜（NMAH）样品（标记为N-1至N-30）来自山西省、陕西省和北京的合作养蜂社。这些成熟蜂蜜样品均为自然封盖，含水率低于20%。60个商品刺槐蜂蜜样品（标记为C-1至C-60）是从中国不同地区的当地市场购买的，并确保在保质期内。

所有的刺槐蜂蜜样品均用孢粉学检查，以确保它们来自刺槐树。本研究中对这些蜂蜜样品的水分、葡萄糖、果糖、蔗糖含量以及淀粉酶值等基本理化指标进行了分析，均符合蜂蜜质量标准。

（二）主要试验方法

（1）样品前处理　称取1g蜂蜜样品溶解在1mL Na_2CO_3/$NaHCO_3$缓冲液中（0.25mol/L，pH=10）。然后加入1mL 1%的邻苯二胺（OPD）溶液，在30℃的避光环境中孵育12h，结束后用冰水终止反应。使用HLB固相萃取柱（6cc/200mg，Waters，Mississauga，Canada）纯化反应溶液。用氮气吹干洗脱液，再用20%（体积比）甲醇溶液复溶，并用0.22μm尼龙膜过滤后进一步分析。

（2）α-二羰基化合物的合成与纯化　根据Chen等人的文献描述，对α-二羰基化合物的喹喔啉衍生物（α-DC-Qs）的合成方法稍作改动。具体操作如下，0.05mol/L戊糖、0.05mol/L半胱氨酸和0.025mol/L OPD溶解于15mL磷酸盐缓冲溶液（0.2mol/L，pH＝7.6）中，在115℃下孵育60min，用冰水浴终止反应。用0.45μm滤膜过滤反应溶液，并用制备型高效液相色谱（PHPLC）进行分析。PHPLC系统包括制备泵、二极管阵列检测器（DAD）和制备柱（Zorbax SB-C18，21.2mm ×

250mm，5μm）。流速设置为18mL/min，进样量为1.0mL，流动相为水（A）和甲醇（B）。梯度洗脱程序为10%B（0～8min）、60%B（8～20min）、80%B（20～30min）和10%B（30～35min），检测波长为318nm。设置自动馏分收集，并选择纯化的化合物进行冷冻干燥以进行下一步分析。

（3）*α*-二羰基化合物的鉴定方法　用20%（体积比）甲醇溶液溶解冻干的*α*-DC-Qs，用Agilent 6545 ESI-Q-TOF（电喷雾-四极杆-飞行时间）进行分析。*α*-DC-Qs的鉴定基于先前发表的关于*α*-二羰基化合物（*α*-DCs）的研究文献（Lund，2017；Chen，2011；Marceau，2009；Gensberger-Reigl，2016）。采用安捷伦1290超高效液相色谱并配备自动进样器和二元泵进行色谱分析。色谱柱为ACQUITY UPLC HSS T3（2.1mm×100mm，1.7μm）；柱温为30℃。流动相为0.1%甲酸水溶液（A）和甲醇（B），梯度洗脱：15%B（0～10min）、25%B（10～13min）、60%B（13～17min）、95%B（17～26min），后运行5min，进样量为1μL。总运行时间为31min，流速为0.2mL/min。

优化的质谱条件为，采用正电离模式，毛细管电压4.0kV，碎裂电压135 V。干燥气体温度为320℃，干燥气体流速为10mL/min，雾化气压力为40psi。鞘气温度350℃，流速12mL/min。氮气被用作碰撞气体。质谱数据在*m/z*为65～1000范围内获得。使用含有参比离子（121.050873和922.009798）的参比溶液在运行期间保持质谱的质量精度。

（4）刺槐蜂蜜样品中*α*-DCs的分析方法　刺槐蜂蜜中的大多数*α*-DCs含量较低，用提取离子色谱法（EIC）定量较好。*α*-DCs（葡萄糖醛酮-喹喔啉GS-Q、1-脱氧葡萄糖醛酮-喹喔啉1-DG-Q、3-DG-Q、乙二醛-喹喔啉GO-Q、1,4-二脱氧己邻酮醛糖-喹喔啉1,4-DDG-Q、3,4-二脱氧葡萄糖醛酮-3-烯-喹喔啉3,4-DGE-Q、1,4-二脱氧戊邻酮醛糖-喹喔啉1,4-DDP-Q、甲基乙二醛-喹喔啉MGO-Q、2,3-丁二酮-喹喔啉2,3-BD-Q）溶解于甲醇中，最终浓度为1 000mg/L。用20%（体积比）甲醇稀释，从0.01mg/L到10mg/L共有7个水平。

（5）超高效液相色谱-二极管阵列检测器（UHPLC-DAD）对HMF和3-DG的定量方法　根据之前报道的方法对5-HMF进行定量（Ajlouni，2010）。采用1260液相系统，结合SB-C18（150mm×4.6mm，5μm）液相色谱柱，检测波长为285nm。分离条件为10%甲醇+水（体积比）等度洗脱，流速为0.8mL/min。每次运行进样量10μL。3-DG定量分析的色谱条件同*α*-DCs的分析条件，检测波长为318nm。

（三）*α*-DCs的合成和鉴定结果

化合物3-DG、GO、MGO和2,3-BD的标准品是商业可得的，并已在啤酒、蜂蜜、糖浆和其他食品中进行了研究。然而，由于缺乏化学标准品，其他α-DCs 在蜂蜜样品中很少被鉴定或准确定量。Marceau 和 Yaylayan 在蜂蜜样品中鉴定出 9 个α-DCs，并以峰高表示这些α-DCs 在蜂蜜样品中的相对含量，其确切含量尚不能确定。α-DCs 标准品的缺乏，使其很难准确定量，这为其在蜂蜜质量控制中的应用带来了困难。因此，有必要获得纯α-DCs 进行进一步研究。

为了获得较为全面的美拉德反应相关中间产物α-DCs，我们设计了一个简单的合成反应体系，即戊糖和葡萄糖可与 L-半胱氨酸反应合成常见的α-DCs，但许多α-DCs 表现出高反应性，并不能直接检测。根据以往的研究，OPD 是α-DCs 定性和定量分析中最常用的衍生试剂。α-DCs 的 OPD 衍生物是具有紫外活性、稳定结构的喹喔啉化合物，并可用 DAD 结合高效液相色谱法进行分离纯化。进一步利用高分辨率质谱技术与文献报道的结构进行比较，确定了制备的各种α-DCs 的分子结构。在这项研究中分离并鉴定了 12 个α-DCs，并用高效液相色谱法测定了α-DCs 的纯度。用超高效液相色谱-四极杆飞行时间质谱（UHPLC-Q-TOF-MS）对 12 种α-DCs 与 OPD 衍生物的总离子色谱（TIC）和产物离子扫描如图 3-2 所示。α-DC-Qs 的具体子离子和纯度的详细信息分别见表 3-1 和图 3-2。

表 3-1　α-DC-Qs 的特征信息

名称	缩写	保留时间/min	分子式	准确分子量（m/z）$[M+H]^+$	实测分子量（m/z）$[M+H]^+$	（m/z）偏差/ppm[②]	子离子（m/z）	色谱级（纯度）/%
葡萄糖醛酮-喹喔啉	GS-Q	3.85	$C_{12}H_{14}N_2O_4$	251.1026	251.1025	0.20	233.0921；215.0784；173.0713	99.00[①]
2,3-戊酮糖-喹喔啉	2,3-PS-Q	4.42	$C_{11}H_{12}N_2O_3$	221.0921	221.0930	2.04	203.0811；185.0691；173.0701	83.38
1-脱氧葡萄糖醛酮-喹喔啉	1-DG-Q	5.11	$C_{12}H_{14}N_2O_3$	235.1077	235.1077	0.00	217.0962；199.0868；187.0863	90.08
3-脱氧葡萄糖醛酮-喹喔啉	3-DG	7.03	$C_{12}H_{14}N_2O_3$	235.1077	235.1079	0.42	217.0983；199.0876；171.0913	98.00[①]
1-脱氧戊邻酮醛糖-喹喔啉	1-DP-Q	9.40	$C_{11}H_{12}N_2O_2$	205.0972	205.0972	0.00	187.0872；169.0757；157.0758	94.07

续表

名称	缩写	保留时间/min	分子式	准确分子量（m/z）$[M+H]^+$	实测分子量（m/z）$[M+H]^+$	（m/z）偏差/ppm②	子离子（m/z）	色谱级（纯度）/%
3-脱氧戊邻酮醛糖-喹喔啉	3-DP-Q	10.37	$C_{11}H_{12}N_2O_2$	205.0972	205.0972	0.00	187.0858；169.0728；157.0759	89.41
乙二醛-喹喔啉	GO-Q	11.87	$C_8H_6N_2$	131.0603	131.0604	0.38	104.0494；77.0385	40.00①
1,4-二脱氧己邻酮醛糖-喹喔啉	1,4-DDG-Q	14.45	$C_{12}H_{14}N_2O_2$	219.1128	219.1128	0.00	201.1028；183.0912；171.0916	95.93
3,4-二脱氧葡萄糖醛酮-3-烯-喹喔啉	3,4-DGE-Q	16.51	$C_{12}H_{12}N_2O_2$	217.0972	217.0974	0.46	199.0863；181.0762；169.0761	98.00①
1,4-二脱氧戊邻酮醛糖-喹喔啉	1,4-DDP-Q	16.97	$C_{11}H_{12}N_2O$	189.1022	189.1026	1.06	171.0919；159.0920；143.0603	93.77
甲基乙二醛-喹喔啉	MGO-Q	17.26	$C_9H_8N_2$	145.0760	145.0760	0.00	118.0653；92.0500；77.0394	40.00①
2,3-丁二酮-喹喔啉	2,3-BD-Q	19.51	$C_{10}H_{10}N_2$	159.0919	159.0914	1.57	143.0596；131.0602；118.0651	98.00①

① 表示标准品可商业获得。

② $1ppm=10^{-6}$。

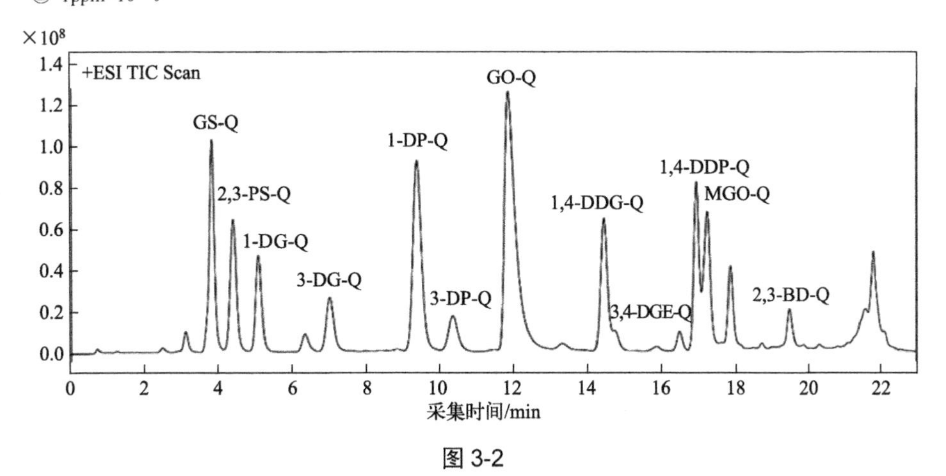

图 3-2

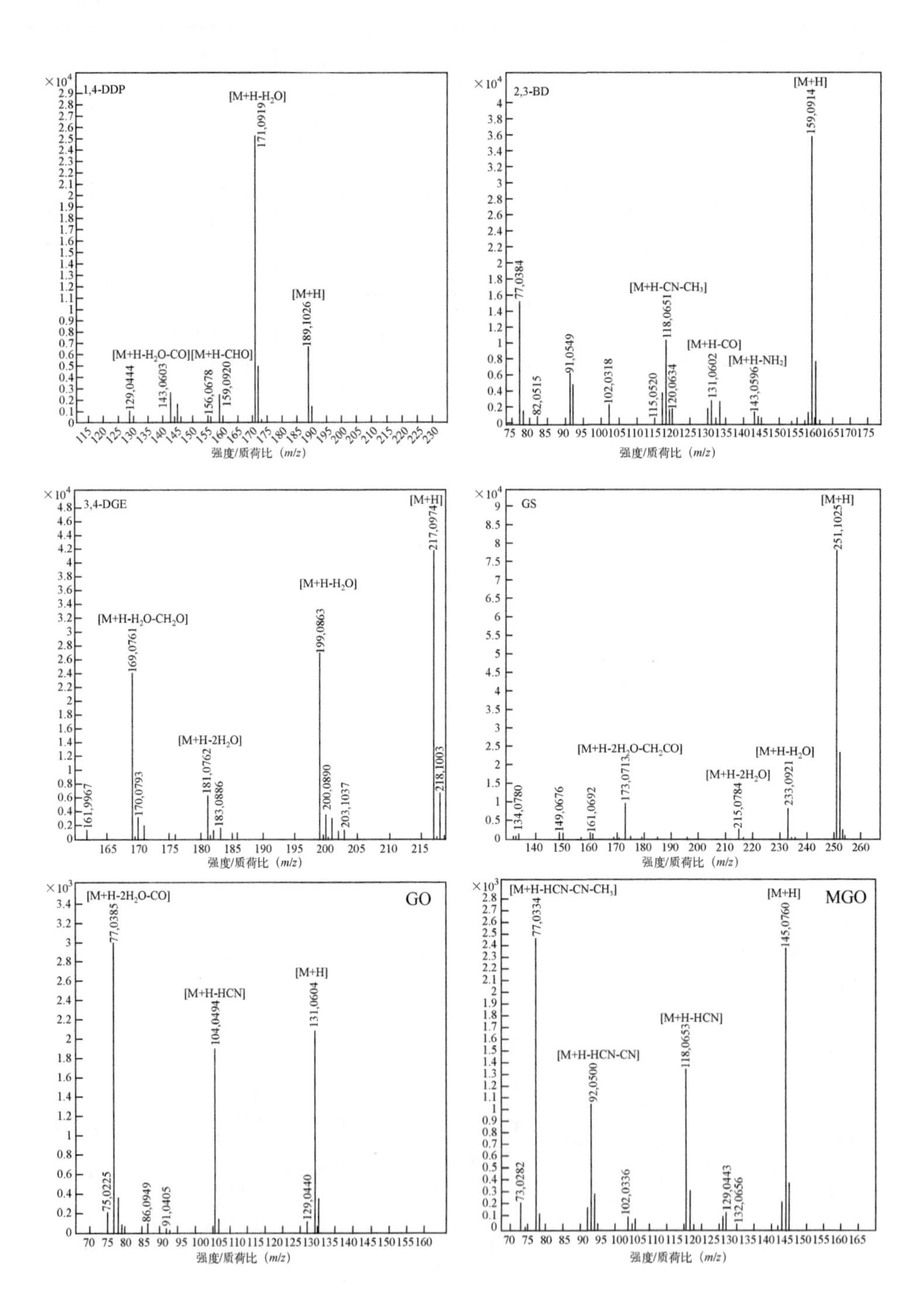

1,4-DDP
[M+H-H2O]
171,0919
[M+H]
189,1026
[M+H-H2O-CO][M+H-CHO]
129,0444
143,0603
156,0678
159,0920
强度/质荷比（m/z）
2,3-BD
[M+H]
159,0914
77,0384
[M+H-CN-CH3]
118,0651
[M+H-CO]
[M+H-NH2]
91,0549
102,0318
82,0515
115,0520
120,0634
131,0602
143,0596
强度/质荷比（m/z）
3,4-DGE
[M+H]
217,0974
[M+H-H2O]
199,0863
[M+H-H2O-CH2O]
169,0761
[M+H-2H2O]
181,0762
183,0886
170,0793
161,9967
200,0890
203,1037
218,1003
强度/质荷比（m/z）
GS
[M+H]
251,1025
[M+H-2H2O-CH2CO]
173,0713
[M+H-H2O]
[M+H-2H2O]
215,0784
233,0921
134,0780
149,0676
161,0692
强度/质荷比（m/z）
GO
[M+H-2H2O-CO]
77,0385
[M+H-HCN]
104,0494
[M+H]
131,0604
75,0225
86,0949
91,0405
129,0440
强度/质荷比（m/z）
MGO
[M+H-HCN-CN-CH3]
77,0334
[M+H]
145,0760
[M+H-HCN]
118,0653
[M+H-HCN-CN]
92,0500
73,0282
102,0336
129,0443
132,0656
强度/质荷比（m/z）

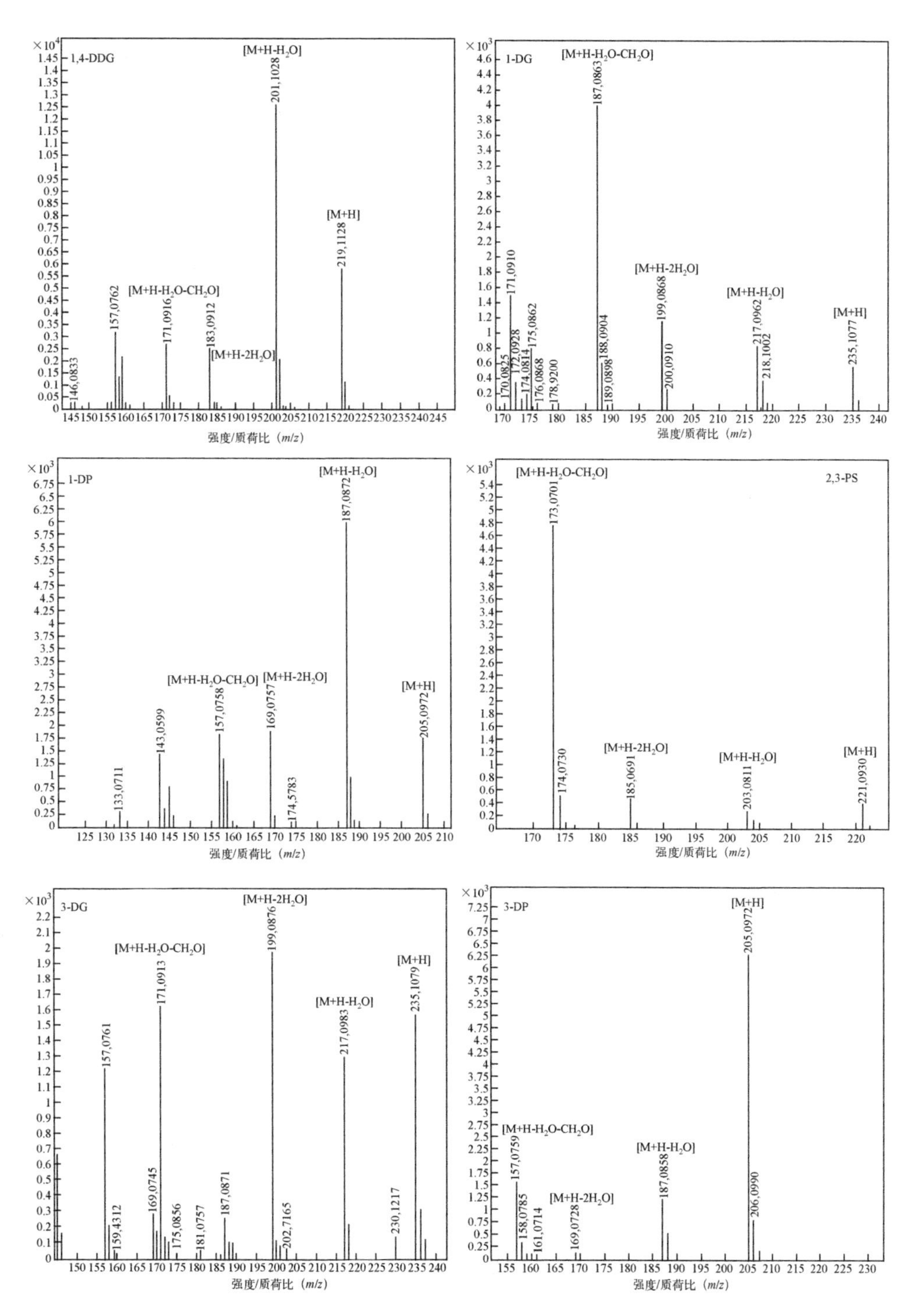

图 3-2 α-DC-Qs 在正离子模式下的 TIC 和二级特征离子质谱图（MS/MS 模式）

（四）NMAH 和 AHAH 样品中 9 种α-DCs 的测定结果

商业可获得的α-DCs 标准品非常有限，这极大地局限了对α-DCs 在蜂蜜样品中准确分布的研究。本研究用 PHPLC 法制备并纯化了 12 个α-DC-Qs。通过比较色谱保留时间和精确的质谱数据，鉴定出 9 种α-DCs，包括 GS（葡萄糖醛酮）、1-DG（1-脱氧葡萄糖醛酮）、3-DG、3,4-DGE（3,4-二脱氧葡萄糖醛酮-3-烯）、1,4-DDG（1,4-二脱氧己邻酮醛糖）、2,3-BD（2,3-丁二酮）、1,4-DDP（1,4-二脱氧戊邻酮醛糖）、GO（乙二醛）、MGO（甲基乙二醛）。其中，3-DG 在刺槐蜂蜜样品中浓度最高，GS 次之，其它化合物均为微量。在 AHAH 样品中，在 65℃及以上温度处理的样品中检测到 3,4-DGE，但在较低温度处理的样品中只观察到少量的 3,4-DGE。据我们所知，这是首次在蜂蜜样品中鉴定出 1,4-DDP 和 1,4-DDG。UHPLC-Q-TOF-MS 色谱图展示了刺槐蜂蜜样品中的 9 种α-DCs（见图 3-3）。

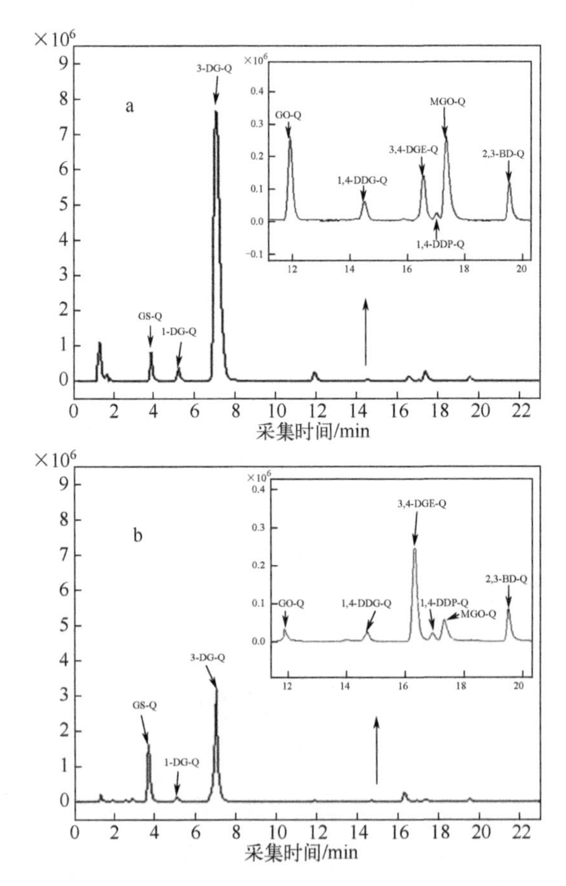

图 3-3 NMAH 和 AHAH 中α-DC-Qs 的色谱图

a—AHAH；b—NMAH

（五）温度对刺槐蜂蜜中α-DCs含量的影响

对于刺槐蜂蜜，热处理对其中α-DCs分布影响的研究有限。本研究采用不同温度对刺槐花蜜样品进行人工浓缩，考察温度升高对α-DCs含量的影响，非浓缩刺槐花蜜中α-DCs含量如表3-2所示。α-DCs含量随温度的变化趋势如图3-4所示。在75℃及以上加热的样品中，3,4-DGE、GS和2,3-BD含量下降，而在65℃浓缩的样品中没有检测到3,4-DGE。3,4-DGE的高降解率主要来源于α，β-不饱和羰基化合物的高反应活性。2,3-BD是通过D-葡萄糖部分的C2/C4裂解形成的，在啤酒和蜂蜜中也发现了2,3-BD。已有研究表明2,3-BD在储存过程中是稳定的，在本研究中2,3-BD在80℃和60℃时的含量分别为1.125mg/kg和1.120mg/kg，说明温度升高时2,3-BD含量没有明显变化。

表3-2 非浓缩刺槐花蜜样品中α-DCs的含量（n=3）

α-DCs	非浓缩的刺槐花蜜（干重）	
	含量范围/（mg/kg）	中值/（mg/kg）
3-DG	114.36～146.42	138.09
GS	23.69～32.28	29.95
1-DG	2.48～5.27	3.68
2,3-BD	0.69～2.43	1.08
1,4-DDG	0.09～0.84	0.43
1,4-DDP	0.25～2.39	0.58
MGO	0.77～4.79	1.06
GO	0.56～3.18	2.30

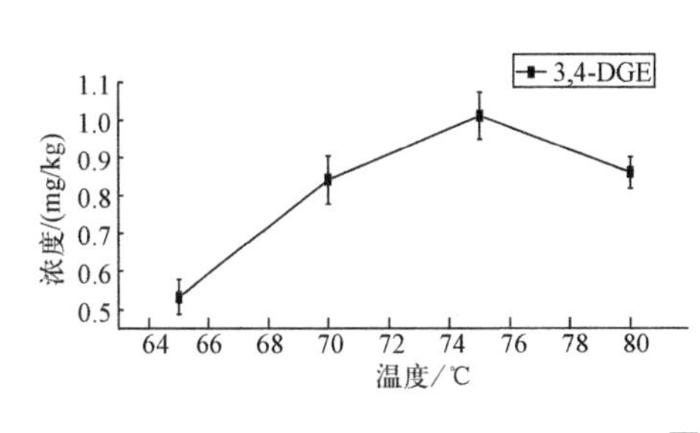

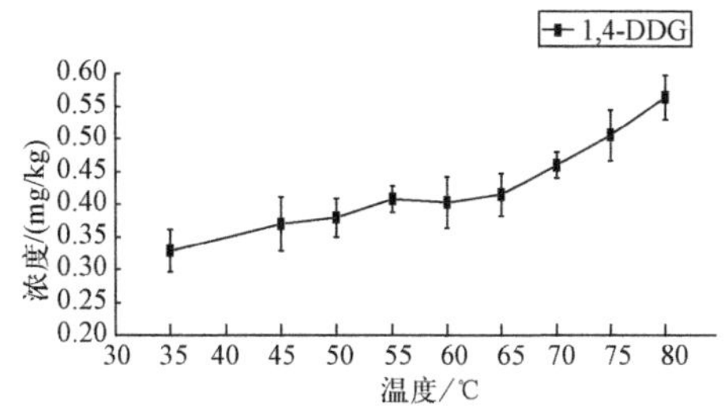

图3-4

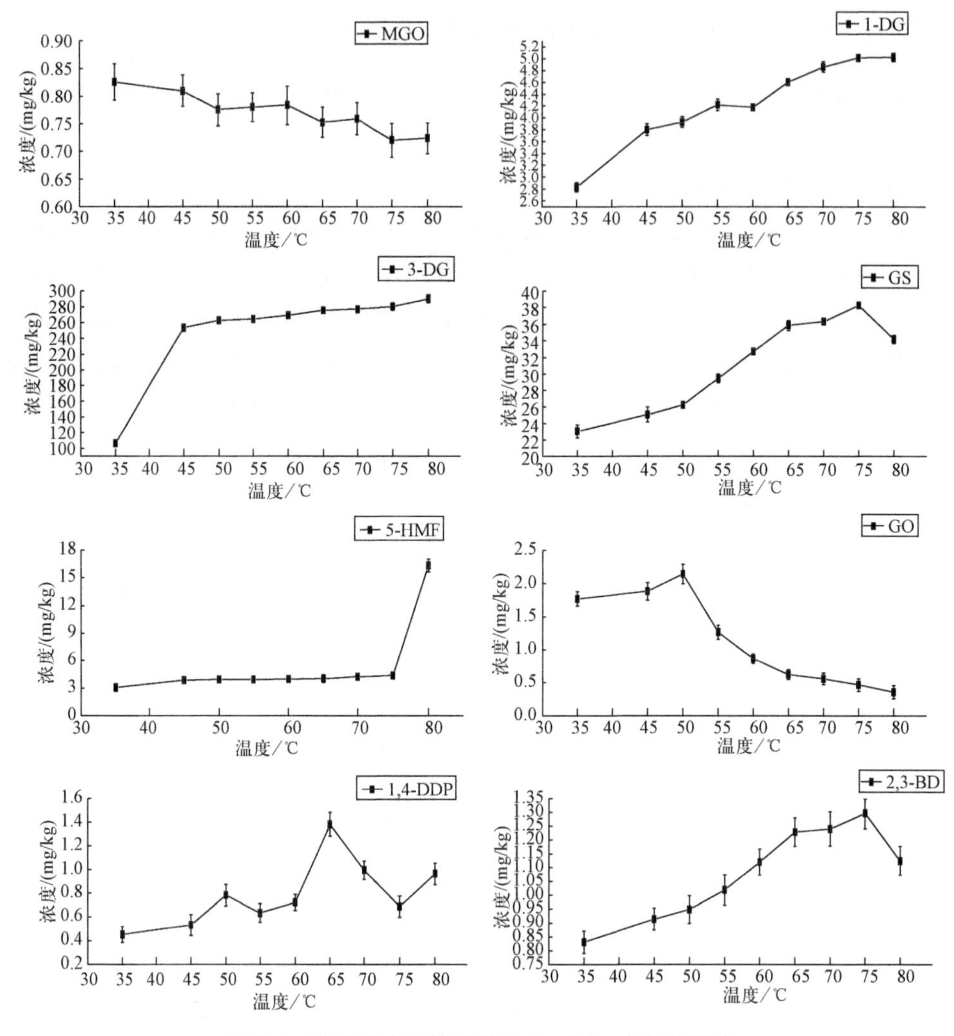

图 3-4　浓缩温度对蜂蜜样品中α-DCs 含量的影响

GS 是一种降解产物，并促进高级糖基化最终产物的形成。以往的研究探讨了基质和 pH 条件等对其生成的影响。在这项工作中，我们首次研究了温度对 GS 形成的影响。GS 含量随温度的变化与 2,3-BD 的变化趋势相似，表明其在高温下也较稳定。MGO 是由中间体 3-DG 的醛化作用生成的，GO 是由葡萄糖的自动氧化形成的。它们都是在美拉德反应后期形成的低分子量的α-DCs，且其在蜂蜜中的含量都很低，并且随着加热温度的升高而降低。由于 GO 和 MGO 的沸点较低，高温处理使其容易挥发，导致其从蜂蜜中迅速消耗。以往的文献中很少有关于 1,4-DDG 的报道。我们发现，当加热温度小于 60°C时，1,4-DDP 含量稳定在 0.7mg/kg，当温度达到65℃时，增加到1.38mg/kg。当温度上升到75℃时，1,4-DDP含量随后降低了，其在蜂蜜样品中的含量下降到0.68mg/kg。3-DG和1-DG是由葡萄糖脱水和互变异构化形成。在本研究中，3-DG和1-DG的含量随着试验温度的升高而相应增加。这可能是由于在高温下加速了1,2-烯二醇的分解。重要的是，这两种化合物即使在80℃也很稳定，这表明3-DG可以作为较稳定的中间产物在蜂蜜中积累。在45℃时，蜂蜜中3-DG含量比刺槐花蜜样品增加了138.3%，且随温度的升高呈显著升高趋势。在其它研究中，3-DG很容易在包含半乳糖的低聚糖样品中形成，在50℃时积累得更快，这和我们的研究结果是一致的。蜂蜜受热后α-DCs含量整体增加，其中3-DG的变化最为显著，随着温度的升高而逐渐累积，在80℃时达到290.13mg/kg。

5-HMF含量是目前评价蜂蜜加热后品质的一个重要指标。果糖脱水导致5-HMF的形成，加工温度和时间对5-HMF的形成有显著影响。大多数蜂蜜样品的5-HMF含量低于40mg/kg，而3-DG的浓度明显高于5-HMF。然而，最近的一项研究表明，在不同类型的蜂蜜中，5-HMF的含量主要取决于气候条件。在本研究中，当热处理温度为小于75℃时，刺槐蜂蜜中5-HMF含量保持在4.5mg/kg以下，随着温度的升高，5-HMF含量增长缓慢。然而，当刺槐蜂蜜温度升高到80℃时，5-HMF含量急剧增加到16.36mg/kg，这与Lu等人的发现相吻合，即在80℃时，刺槐蜂蜜中5-HMF含量迅速增加。

然而，热处理并不是影响刺槐蜂蜜中5-HMF形成的最重要因素，这表明根据刺槐蜂蜜的5-HMF含量来表征其受热程度是不可靠的。根据先前的报道，在较低的温度下，3-DG比5-HMF更容易生成，而在较高的温度下，5-HMF的生成速度更快。在实际操作中，为了避免生成的5-HMF含量超过标准规定（≤40mg/kg），一些蜂蜜生产商故意选择在50℃浓缩刺槐花蜜，使人工加热的刺槐蜂蜜符合NMAH的质量标准。如果5-HMF含量不超标，其他质量指标通常接近NMAH，这使得这些热浓缩的“刺槐蜂蜜”产品难以被监管部门识别。因此，我们倾向于认为5-HMF不适合作为这种“刺槐蜂蜜”的检测指标。与5-HMF相比，3-DG在蜂蜜加工温度范围内对热更为敏感，且比5-HMF更稳定，是更适合区分NMAH与AHAH的潜在标记物。

（六）用UHPLC-DAD法定量蜂蜜样品中的3-DG含量

开发UHPLC-DAD方法对3-DG进行定量以分析市场上的蜂蜜样品，因为DAD作为定量检测器，比Q-TOF质谱提供了更宽的线性范围，该方法应用简单，且易于推广。优化的色谱条件已在前面的α-DCs鉴定方法部分中描述。采用20%

（体积比）甲醇连续稀释准备 5 种 OPD 衍生的 3-DG，即 3-DG-Q 标准溶液（0.5mg/L、1.0mg/L、5.0mg/L、10.0mg/L 和 100mg/L），并用 UHPLC-DAD 进行分析。3-DG-Q 标准曲线为 $y=9.82322x+0.4145$，其中 y 和 x 分别代表标准溶液的峰面积和浓度，线性范围为 0.5～100mg/L（$R^2=0.99998$）。检出限（LOD）和定量限（LOQ）分别为 0.23mg/L 和 0.55mg/L。NMAH 和 AHAH 中 3-DG 的 UHPLC-DAD 色谱图如图 3-5 所示。

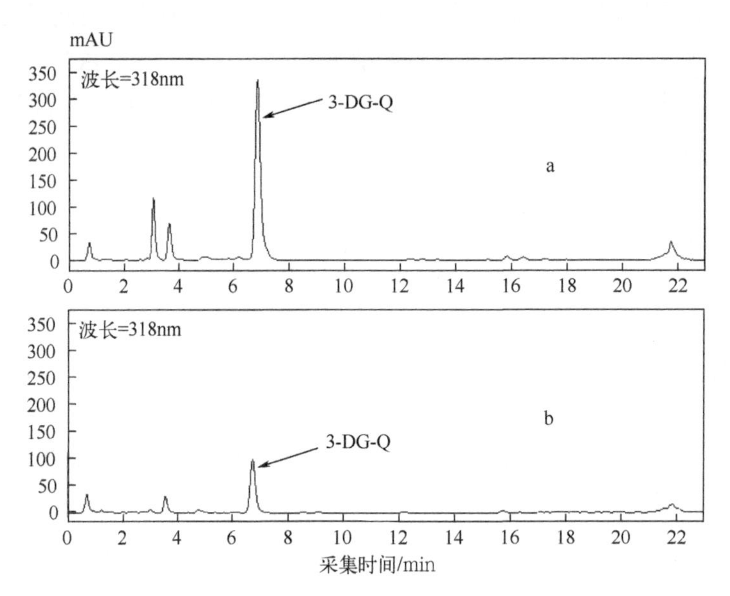

图 3-5 NMAH 和 AHAH 中 3-DG 的 UHPLC-DAD 色谱图

a—AHAH，b—NMAH

在本研究中，还考察了蜂蜜样品在室温下储存时 3-DG 的稳定性（图 3-6）。NMAH 样品（N-24）中 3-DG 的初始含量为 117.1mg/kg，储存 12 个月后为 153.1mg/kg，3-DG 含量增加了 30.74%。同时，在 AHAH 样品（50 °C 加热 2.5h）中，3-DG 从 253.41mg/kg 增加到 466.50mg/kg，增加了 84.1%。在整个储存过程中，AHAH 样品中 3-DG 的含量比 NMAH 样品中 3-DG 的含量更高、增长更快，从而证明了刺槐蜂蜜热处理直接导致 3-DG 含量的显著增加。这种现象可能是因为 NMAH 中保留了更多的抗氧化剂，如酚类化合物，这可能会抑制 3-DG 的进一步形成，然而这一推测需要进一步的试验验证。人工加热会破坏一些抗氧化化合物，从而导致 3-DG 迅速积累。以往的研究表明酚类化合物可有效减少烘焙产品中美拉德产物的积累。

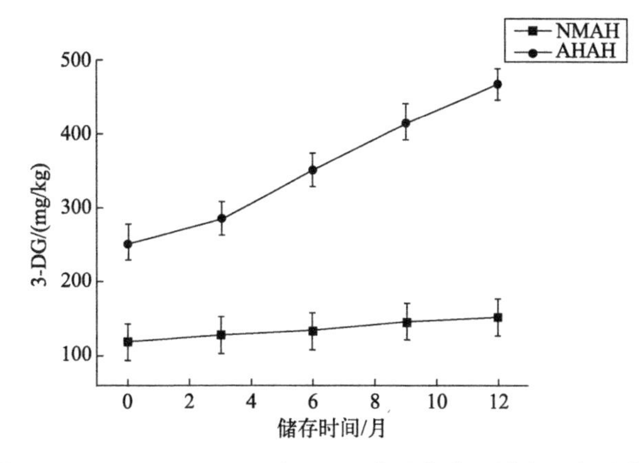

图 3-6　NMAH 和 AHAH 中 3-DG 含量在室温储存 1 年的变化

（七）市场刺槐蜂蜜样品中 3-DG 和 5-HMF 含量分析

3-DG 是蜂蜜样品中被广泛研究的α-二羰基化合物，此前已在来自 12 个不同花源的 40 个商业蜂蜜样品中发现，含量范围为 75.9mg/kg 至 808.6mg/kg。在这些蜂蜜样品中，5 个商业刺槐蜂蜜样品的 3-DG 含量为 115.7～222.5mg/kg，中位数为 159.6mg/kg。这一结果与我们在 NMAH 中测定的 3-DG 含量相似。Marshall 等人在 2014 年也进行了类似的研究，报告的 3-DG 含量为 206～884mg/kg。Mavric 等人研究了 6 个新西兰麦卢卡蜂蜜样品中 3-DG 的分布，发现其含量从 119mg/kg 到 1451mg/kg 不等。综上所述，这些结果表明 3-DG 在不同蜂蜜样品中的含量差异很大。

本研究采用 UHPLC-DAD 检测方法，对 30 份 NMAH 和 60 份商业蜂蜜样品进行了分析，以确定 3-DG 和 HMF 在刺槐蜂蜜中的含量。我们观察到 30 个 NMAH 样品中的 3-DG 含量为 103.7mg/kg 至 146.6mg/kg，HMF 含量为 2.04mg/kg 至 6.39mg/kg。然而，商品蜂蜜样品中 3-DG 的含量在更大范围内变化。在这些样本中，55 个样本的 3-DG 含量为 572.4mg/kg 至 1371.2mg/kg，其余 5 个样本的 3-DG 含量为 124.5mg/kg 至 158.1mg/kg，HMF 含量为 3.05mg/kg 至 16.15mg/kg。HMF 含量远低于标准规定含量（≤40mg/kg）。通过人工加热浓缩处理，AHAH 中 3-DG 含量高于 NMAH 样品中 3-DG 含量 5～10 倍。从我们的检测结果显示，市场上取样的刺槐蜂蜜可能是 AHAH，而只有一小部分是 NMAH。前面 3-DG 的稳定性研究表明，AHAH 样品在贮存 1 年时间内，3-DG 含量增长较快。因此，商品刺槐蜂蜜样品中 3-DG 含量高不仅与热处理有关，可能也与贮藏时间长有关。

根据国际蜂联的声明，为了蜜蜂的福利和人类健康，应该鼓励生产自然成熟蜂蜜，而在蜂蜜生产中任何人为加热的浓缩都应该被视为蜂蜜欺诈。作为高价值的蜂蜜，刺槐蜂蜜经常掺入其他甜味剂，如糖浆。AHAH 以 NMAH 的名义销售也是一种欺诈行为，在本研究中，我们建立了利用 3-DG 区分 AHAH 和 NMAH 的方法，对维护蜂蜜的公平贸易和消费者的权益具有重要意义。

二、鉴别糖浆掺假蜂蜜

（一）样品收集

30 份自然成熟的刺槐蜂蜜（标记为 H1 至 H30）样品来自中国陕西省、河北省、北京市、山西省和河南省的合作蜂场。这些蜂蜜样品均是自然封盖，含水率<20%，孢粉学鉴定证实来自刺槐。此外，还对这些刺槐蜂蜜样品的其它基本理化指标进行了分析，以确认它们符合蜂蜜的质量标准。

从中国不同市场购买了 30 份高果糖玉米糖浆（HFCS）样品，标记为 S1 至 S30。由于 S21 中目标化合物的平均含量相对于其它样品要高，该样品以不断增加的浓度（20%、40%和 60%，质量比）添加到纯刺槐蜂蜜中，以模拟糖浆掺假的蜂蜜样品。

60 份商业刺槐蜂蜜样品（CH1～CH60）随机从北京、陕西、山西、河北和山东当地市场购买。所有这些蜂蜜样品标注的生产日期在 2019 年 9 月至 2020 年 6 月之间，上述样品在分析前于室温储存。

（二）主要试验方法

（1）样品前处理方法　前处理方法同第一节（二）中描述的蜂蜜处理方法。

（2）UHPLC-IM-Q-TOF-MS（超高效液相-离子淌度-四极杆-飞行时间质谱）分析方法　所有样品分析均在 Agilent 6560 离子淌度（Agilent，Palo Alto，CA，USA）上进行，采用正离子模式。优化条件为：毛细管电压为 3500 V，喷嘴电压为 500 V，碎裂电压为 380 V，octopole RF（八极杆射频电压）为 750 V。干燥气体温度为 330℃，干燥气流速为 10L/min，雾化气压力为 40psi，鞘气温度为 360℃，鞘气流速为 12L/min。IM trap（离子淌度捕集阱）填充时间为 3900μs，trap 释放时间为 150μs，脉冲序列长度为 4 bit。扫描速率为 2.1 帧/s，在 *m/z* 50～1500 范围内获取质谱数据。液相色谱分离采用 Agilent 1290 系列 UHPLC（Agilent，Palo Alto，CA，USA），配备四元泵、自动进样器、柱加热器和 ACQUITY UPLC HSS T3（2.1mm × 100mm，1.8μm）色谱柱（Waters，USA），柱温设置为 45℃。进样量为 2μL。流动相为 0.1%甲酸水溶液（A）和 0.1%甲酸甲醇溶液（B），梯度洗脱为 5% B 保持

1.5min；在 8.5min 内从 5%到 55% B，然后在 10min 内从 55%到 95% B，95% B 维持 3min，在 24min 时以 5% B 重新平衡。流速设置为 0.25mL/min，后运行时间为 4 分钟。参比离子（121.050873 和 922.009798）用来保持质量精度。采用靶向 MS/MS 模式对所选母离子（*m/z* 189.1023）中的碎裂片段进行鉴定。

（3）HFCS 中目标化合物的分离纯化　选择目标化合物含量最高的 S21 样品进行目标化合物的制备。样品预处理与上述方法相同。反应溶液经 0.45μm 滤膜过滤，然后使用制备型高效液相色谱（PHPLC）（Agilent Technologies，USA）结合制备柱（Zorbax SB-C18，21.2mm × 250mm，5μm）进行纯化。样品纯化过程如下：洗脱液 A（水）、洗脱液 B（甲醇）；流速，20mL/min；进样量 1.0mL；0min/ 5% B，8min/ 55% B，23min/ 80% B，30min /5% B，检测波长为 318nm。在 13.5～15.5min 的保留时间内收集的洗脱液（包含目标化合物），氮吹除去部分有机溶剂后，再经过冷冻干燥，总共收集 2.6mg 目标化合物。

（4）核磁质谱鉴定　核磁质谱仪（Bruker，Rheinstetten，Germany）被用来鉴定目标化合物的结构，600 MHz 获得 ^{1}H 谱和 125 MHz 获得 ^{13}C 谱。

（5）超高效液相色谱-串联质谱（UHPLC-MS/MS）检测方法　目标化合物在安捷伦 1290-6495 系列串联质谱（Agilent，Palo Alto，CA，USA）上进行分析，液相色谱分离条件与 UHPLC-IM-Q-TOF-MS 分析条件相同。三重四极杆在正模式下工作，毛细管电压为 4000 V，离子源温度为 350℃。采用多反应监测模式（MRM）对目标化合物进行定量，条件如表 3-3 所示。

表 3-3　特征化合物在 MRM 模式下定量的参数

化合物	离子转变	碎裂电压/V	碰撞能/eV	延停时间/ms
3,4-DDPS	189.1→171.1①	100	15	200
	189.1→159.1	100	15	200

① 表示用来定量。

（三）数据处理过程

离子淌度质谱（IM-MS）分析，所有原始数据均需使用 Agilent Mass Hunter（B.08.00 版本）获取。使用 IM-MS 再处理软件进行参比质量校正。为了将 4 bit 数据解卷积为可视化数据，IM-Q-OF De-Multiplexing 软件被用来将采集的数据转化为.d 形式的数据。使用 IM-MS browser 软件可用来计算 CCS 值（碰撞横截面积）。分子特征提取采用 Mass Profiler 10.0 软件进行，并转换为 CEF 文件。每个分子特征都用保留时间、质量、CCS 和丰度来描述。使用 Mass Profiler Professional（MPP，安捷伦技术软件）进行数据过滤和多元统计分析。为了有效区分不同样品，设置了提取化合物的 *m/z* 偏差<2.0mDa，保留时间偏差<0.2min，漂移时间窗口<1%。

在单一电场中，CCS 由以下公式获得：Ω=（DT-TFix）/$\beta\gamma$，其中γ的值取决于所测离子的电荷态和质量以及漂移气体的分子量；DT 为漂移时间（ms）；β和 TFix 的值是使用“CCS Calibration（Single-Field）”中的“Find Drift Times”功能获得的，并且参比设置为“Agilent ESI Tune Mix（pos）”。

（四）利用 IM-MS 分析α-DCs 方法的开发和优化

α-DCs 在美拉德反应的晚期阶段起着关键作用。这些化合物异构体较多，它们具有相同的色谱行为（保留时间）和质谱行为，因此会在洗脱时共流出，需要较为苛刻的条件才能将这些异构体充分分离。特别是，这些特征的α-DC 离子通常很难从蜂蜜等复杂基质中分离出来。除了保留时间和 *m/z*，IM-MS 分析还提供了 CCS，它本质上反映了离子的大小和形状。这种方法在代谢组学分析中，可有效地为目标化合物的鉴定提供额外的信息维度。

本研究的目的是采用代谢组学筛选α-DCs 作为糖浆掺假刺槐蜂蜜的特征标记。在 IM-MS 分析中，获取参数对于化合物的准确鉴定至关重要。在这里，我们将质量范围设置为 *m/z* 50～1500，用于特征α-DCs 的筛选。此外，为了有效地传输母离子需要合适的碎裂电压，提高 IM 的灵敏度，选择 380 V 以获得高比例的完整母离子。在 IM 模式下，Funnel RF 设置也很关键，较低的捕获 RF 减少了被激发离子而避免在入口处的聚集，但也降低了较大 *m/z* 离子的捕获效率。因此，我们通过将脉冲序列长度设置为 4bit，trap fill time（捕集阱填充时间）设置为 3900μs，trap release time（捕集阱释放时间）设置为 150μs 来提高对α-DCs 分析的灵敏度。

对于刺槐蜂蜜样品，之前的研究已发现其中 3-DG 含量较高。因此，以 3-DG 为标准确定 IM-MS 所获得化合物 CCS 值的准确性。确定 3-DG-Q 的 CCS 为 152.4 $Å^2$（Å=1×10^{-10}）。此外，获得了 3-DG 的标准品，其 OPD 衍生物的 CCS 与样品中该化合物的 CCS 值一致。单场校准方法可用于筛选宽泛的化合物类别，在各种化合物中观察到的 RSD（相对标准偏差）<1%。在本研究中，我们利用 IM-MS 获得的 CCS 值有效分离和鉴定了 OPD 衍生α-DCs。

（五）筛选刺槐蜂蜜和高果糖玉米糖浆中的差异α-DCs

在前期工作中，我们证实α-DCs 可以作为区分自然成熟的刺槐蜂蜜和人工热浓缩的刺槐蜂蜜的可靠特征物。在本研究中，旨在利用 IM-MS 筛选特征α-DCs 鉴别高果糖玉米糖浆掺假的刺槐蜂蜜。这些特征物应该满足的条件包括：①特征物存在于纯高果糖玉米糖浆中（避免外源添加的风险）；②特征物在纯刺槐蜂蜜样品中浓度较低或检测不到；③该特征物稳定性好，且易于识别和量化。此外，特定的α-DCs 可以提供热加工程度的信息。由于蜂蜜和高果糖玉米糖浆是在不同的加热条件下生产的，糖浆生产过程中使用的温度较高，因此α-DCs 在高果糖玉米糖浆中可能会有更多的类型和更高的含量。

为了利用 IM-MS 来寻找刺槐蜂蜜和高果糖玉米糖浆样品之间α-DCs 的差异或相似之处，我们获取了这两种类型样品的质谱数据，以进一步进行比较。通过解卷积和数据过滤，获得 546 个分子特征。随后的韦恩图分析显示，刺槐蜂蜜特有的离子有 260 个，高果糖玉米糖浆特有的离子有 114 个，它们之间共有的化合物是 172 个（图 3-7a）。通过 PCA 对所采集的数据质量进行评估（图 3-7b），结果显示，基于所获得的色谱峰，刺槐蜂蜜和高果糖玉米糖浆样品之间有明显差异。这些数据可用于进一步分析刺槐蜂蜜和高果糖玉米糖浆之间的差异化合物。

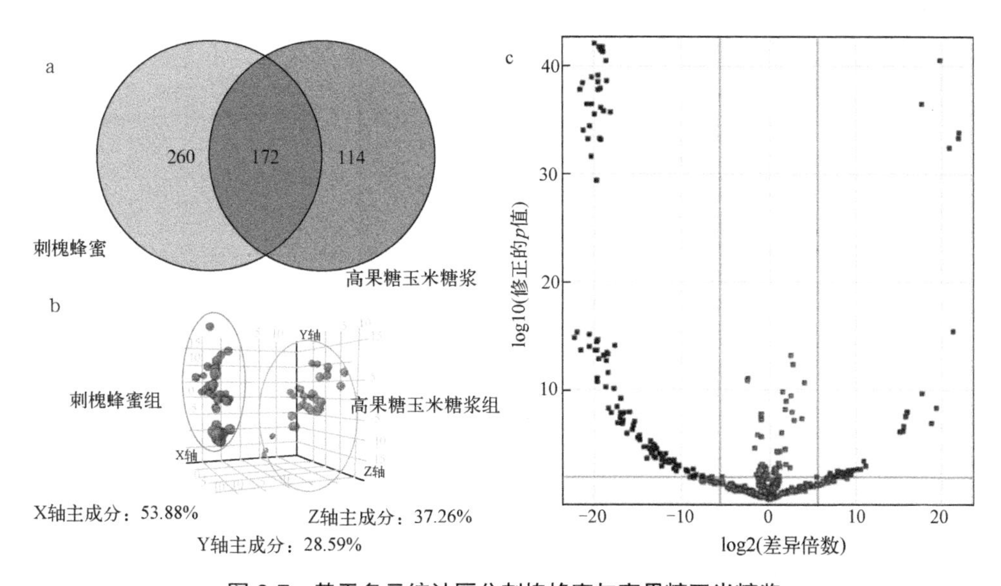

图 3-7　基于多元统计区分刺槐蜂蜜与高果糖玉米糖浆

a—刺槐蜂蜜与高果糖玉米糖浆的韦恩分析图；b—刺槐蜂蜜和高果糖玉米糖浆的 PCA 散点图；c—刺槐蜂蜜与高果糖玉米糖浆差异化合物的火山图（$p<0.01$），每个圆点代表一种物质，其中红点表示与高果糖玉米糖浆组比刺槐蜂蜜中显著上调的化合物，蓝点表示刺槐蜂蜜中显著下调的化合物，灰点表示两组之间无显著差异的化合物

通过火山图分析（图 3-7c），根据保留时间、分子量、CCS 值和峰面积四个维度的信息筛选出 35 个差异化合物（表 3-4），从这些化合物中筛选出刺槐蜂蜜和高果糖玉米糖浆之间具有显著差异的α-DCs。α-DCs 的喹喔啉衍生物在质谱上的行为

特征主要包括：①化合物分子式中含有两个氮原子；②容易失去一个或两个 H_2O；③C-C 键断裂时容易失去 CH_2O 和 CH_2CO 基团。根据上述喹喔啉衍生物的分子特征，以及参考之前的文献（Mavric，2006；Nedvidek，1992），在 35 种差异显著的物质中有 3 种被鉴定为α-DCs，分别为 188.0951、216.0897 和 220.0846Da。

表 3-4　通过火山图分析的刺槐蜂蜜和高果糖玉米糖浆的差异化合物

化合物（质量数）	保留时间/min	漂移时间/ms	CCS/$Å^2$	p（蜂蜜与糖浆）	变化趋势（蜂蜜与糖浆）	差异倍数（蜂蜜与糖浆）
132.0680	6.053	20.997	180.20	7.80×10^{-4}	下降	−507.709
176.0945	4.736	16.372	137.33	1.31×10^{-8}	下降	−48994
186.0788	7.318	16.317	136.36	9.25×10^{-4}	下降	−543.915
186.0788	7.815	16.350	136.64	8.26×10^{-4}	下降	−360.918
188.0951	9.494	15.560	139.30	3.88×10^{-30}	下降	−4200397
196.0630	12.887	16.504	137.48	5.54×10^{-18}	下降	−2579883
214.0740	10.289	17.459	144.71	0.001223	下降	−131.89
216.0897	9.257	17.505	145.01	4.25×10^{-8}	下降	−48463.4
220.0846	5.674	25.413	204.54	6.29×10^{-4}	下降	−692.203
222.0997	3.345	18.068	149.46	1.63×10^{-4}	下降	−2273.67
222.1150	10.709	18.589	153.79	3.88×10^{-4}	下降	−1526.51
246.0901	10.373	19.418	159.79	5.03×10^{-5}	下降	−1940.56
246.0904	11.219	19.966	164.32	4.42×10^{-4}	下降	−819.877
250.1213	10.914	19.690	161.91	4.89×10^{-8}	下降	−37100
272.1054	11.276	20.882	171.05	5.53×10^{-10}	下降	−65128
300.1002	13.072	22.271	181.66	5.27×10^{-4}	下降	−549.909
302.1159	9.908	20.697	168.74	0.001317	下降	−672.302
318.1109	10.966	21.097	171.64	3.18×10^{-30}	下降	−904376
324.1104	8.870	22.176	180.32	1.34×10^{-10}	下降	−677956
350.2424	10.859	18.827	152.55	0.002287	下降	−191.305
354.0622	21.924	21.109	171.04	0.002255	下降	−326.228
364.1274	17.217	23.788	192.61	2.45×10^{-28}	下降	−207517
364.1280	17.286	24.490	198.31	1.28×10^{-9}	下降	−58048.3
374.1276	13.811	23.267	188.21	0.001191	下降	−523.472
392.1740	14.116	23.809	192.30	3.94×10^{-10}	下降	−67773.8
394.1368	6.900	23.429	189.19	5.99×10^{-30}	下降	−3963031
409.0951	17.676	23.567	190.06	0.001943	下降	−231.874
414.2458	8.289	23.241	187.37	3.83×10^{-4}	下降	−1159.1
530.8602	12.179	23.198	185.72	0.002564	下降	−182.337

续表

化合物（质量数）	保留时间/min	漂移时间/ms	CCS/$Å^2$	p（蜂蜜与糖浆）	变化趋势（蜂蜜与糖浆）	差异倍数（蜂蜜与糖浆）
538.1789	5.863	28.358	227.06	3.39×10^{-29}	下降	−1964368
598.1086	18.216	27.824	222.22	7.87×10^{-4}	下降	−307.642
607.3771	9.706	28.506	227.60	0.001311	下降	−498.894
662.4461	21.460	35.699	284.64	5.71×10^{-9}	下降	−460540
721.3833	20.245	36.171	287.93	6.29×10^{-4}	下降	−238.92
754.2637	0.934	31.841	253.2	6.48×10^{-12}	下降	−222263

为了确定这些化合物在刺槐蜂蜜和高果糖玉米糖浆样品中的含量差异，使用Profinder B.08.00软件对30个随机样品进行了目标特征提取。216.0897Da和220.0846Da的两种化合物被排除在外，因为它们在实际的刺槐蜂蜜和高果糖玉米糖浆样品中的差异并不显著。剩下的α-DC是188.0951Da且保留时间为9.494min（图3-8）。

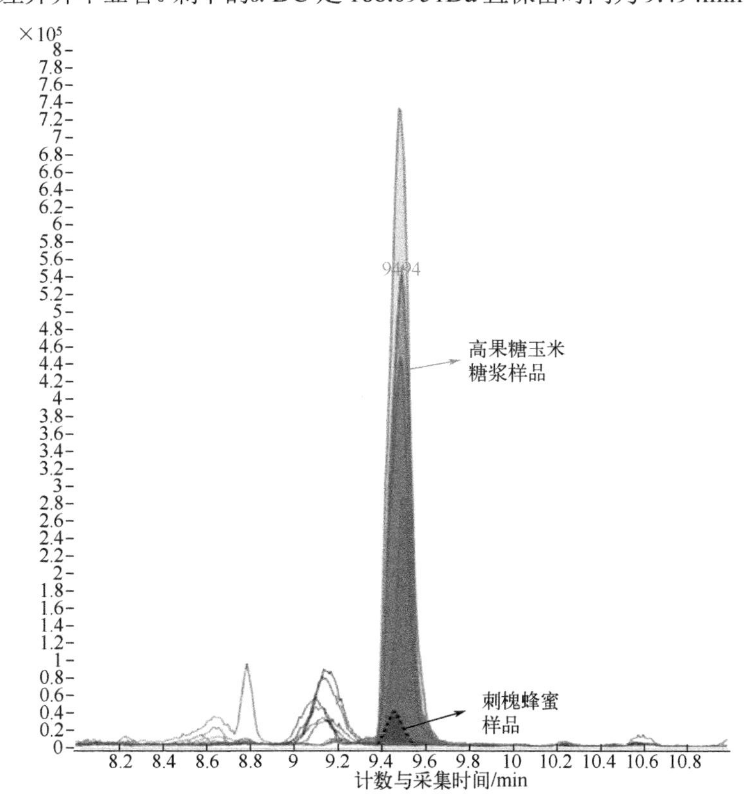

图3-8 刺槐蜂蜜和高果糖玉米糖浆中 m/z 为189.1023的目标化合物提取结果

红色高亮的峰—高果糖玉米糖浆样品中的该化合物；黑色高亮的峰—刺槐蜂蜜样品中的该化合物

这个化合物在随机抽取的样品中的峰面积列在表3-5中。刺槐蜂蜜中目标化合物的最大峰值面积是182638（H1），高果糖玉米糖浆中目标化合物的最小峰面积是2277428（S28），从而表明了糖浆中目标化合物的水平至少高出刺槐蜂蜜十二倍。通过目标特征提取，确定该化合物（188.0951Da）为鉴别高果糖玉米糖浆掺假的显著差异化合物。

表3-5 刺槐蜂蜜和高果糖玉米糖浆中特征离子的提取结果

样品	峰面积	样品	峰面积
H26	143486	S3	3782606
H17	73881	S8	4807508
H18	173990	S7	2789576
H16	181495	S1	3598351
H19	110203	S10	2374987
H21	68831	S13	2578813
H23	70682	S15	3791317
H26	142681	S27	3706689
H27	161973	S14	4274852
H1	182638	S16	3843451
H11	22862	S19	3164876
H3	115802	S22	2282861
H5	110895	S25	3388981
H7	162522	S28	2277428
H9	162828	S12	3034366

特征化合物的分子量188.0951与分子式$C_{11}H_{12}N_2O$所对应的分子量是一致的。根据高果糖玉米糖浆中筛选的OPD衍生物质的质谱（图3-9），m/z值从189.1023到171.0925，表明损失了一个H_2O分子。同样，m/z值从189.1023到159.0916也表明了由于碳碳键断裂导致CH_2O部分的缺失。因此，我们认为该化合物是一种典型的α-DC，且其在不同的高果糖玉米糖浆中含量都较高，可能适合作为鉴别掺假刺槐蜂蜜的潜在标记物。

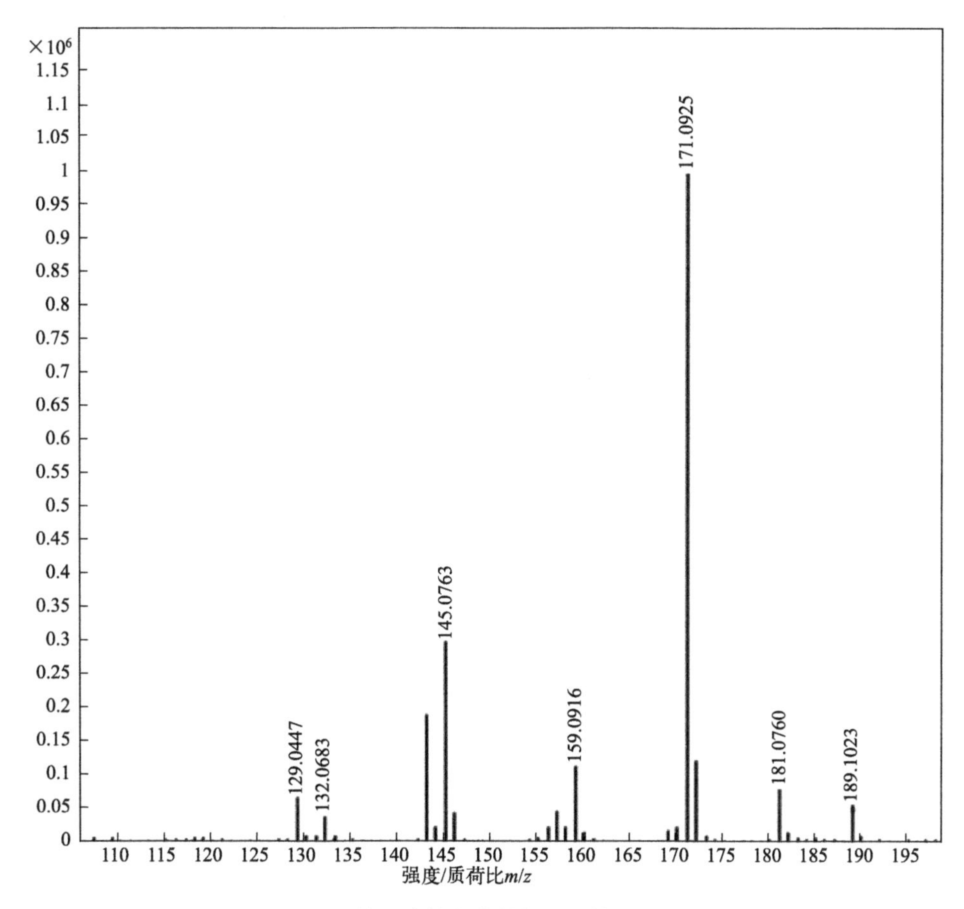

图 3-9　高果糖玉米糖浆中特征化合物的二级质谱图

m/z 为 189.1023

（六）高果糖玉米糖浆中特征化合物的制备与鉴定

为了准确鉴定特征化合物的结构，首先要将目标化合物纯化和制备出来。由于 S21 样品的目标物质含量高，因此选择 S21 样品进行制备，最终纯化得到 2.6mg 目标化合物。利用高分辨率质谱测定了$[M+H]^+$的 189.1023Da，其中 171.0925Da 和 159.0916Da 为代表子离子（图 3-10）。根据 Gensberger 等的研究报道，3,4-二脱氧半戊糖（3,4-DDPS）是 1,4-糖苷键的双糖的降解产物，其结构可能与所筛选出的目标化合物的碎裂模式和 *m/z* 相匹配。为了进一步验证这一推测，通过核磁质谱对纯化的目标化合物进行了表征（图 3-11）。^{1}H 核磁结果（600 MHz，CDCl3）为δ 8.81（s，1H）；8.10～8.05（m，2 H）；7.76～7.72（m，2H）；3.80～3.78（m，2H）；3.60（s，1H）；3.19～3.23（m，2H）；2.17～2.12（m，2 H）。^{13}C 核磁结果

a

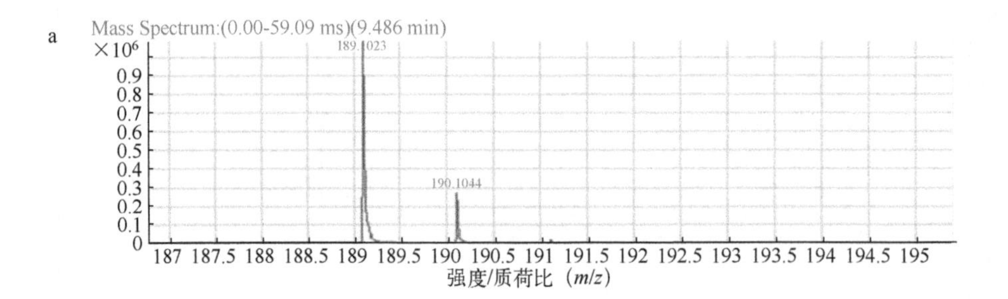

b

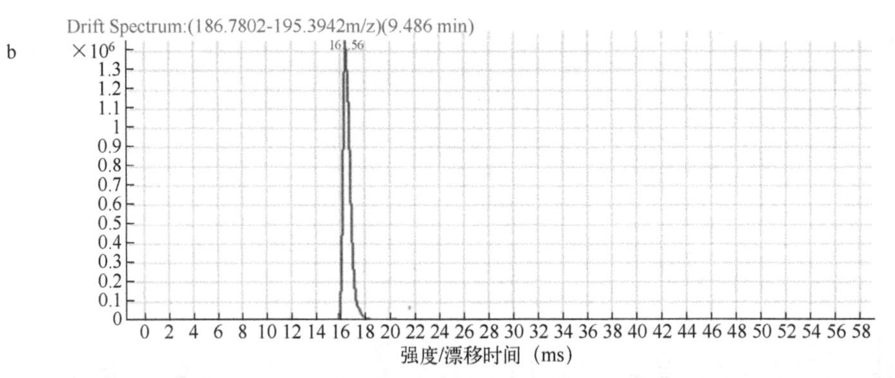

c

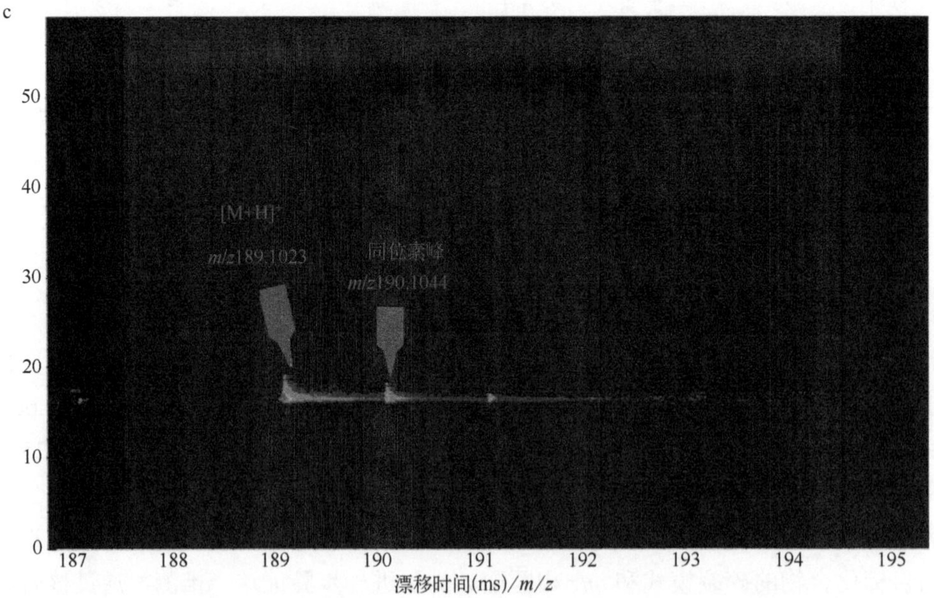

图 3-10　3,4-DDPS 的 IM-MS 色谱图

a—*m/z* 189.1023 同位素色谱图；b—目标离子的漂移时间（*m/z* 189.1023，RT 9.486min）；

c—*m/z* 189.1023 的 IM 成像图

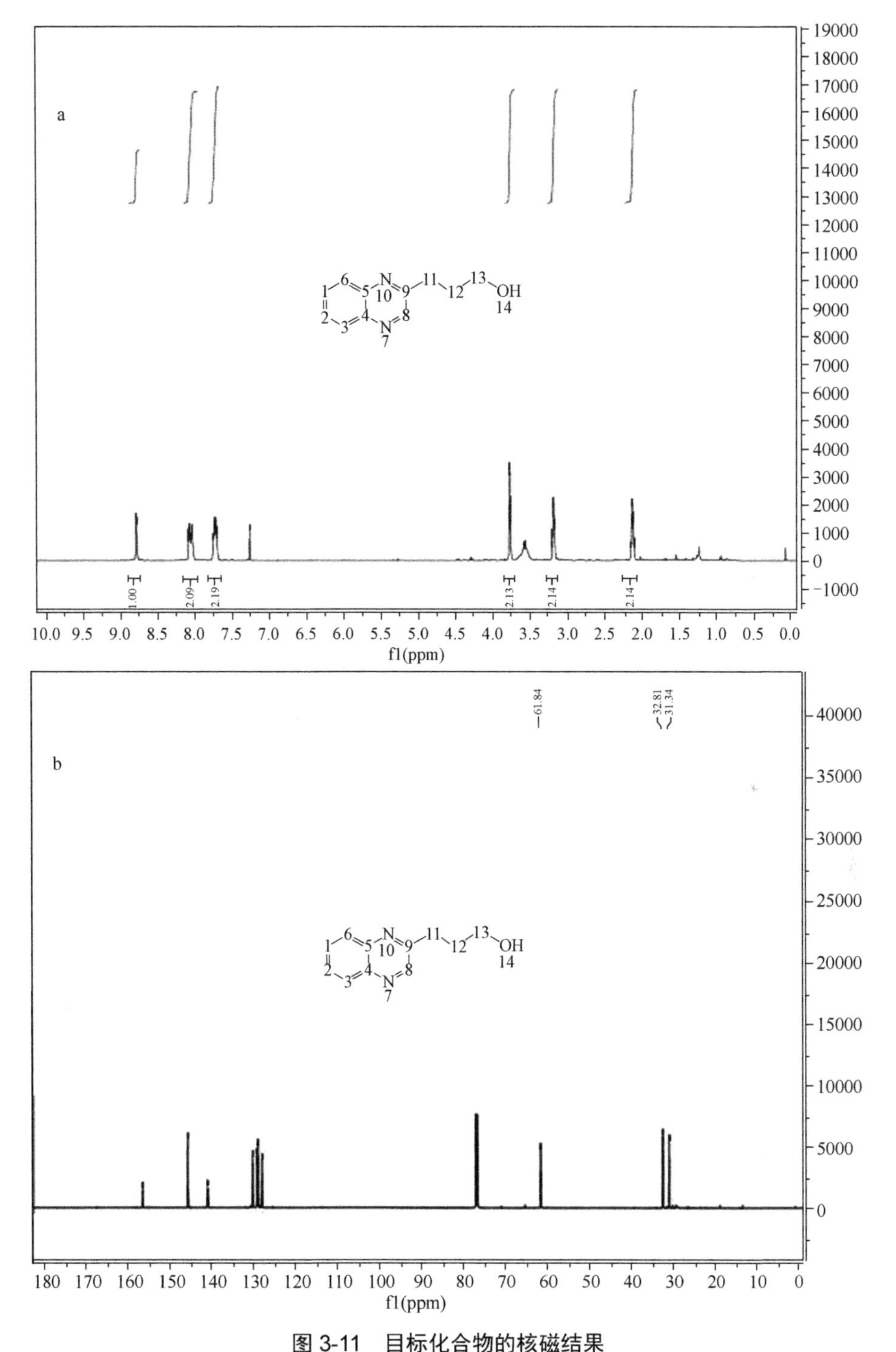

图 3-11 目标化合物的核磁结果

a—^{1}H 核磁谱；b—^{13}C 核磁谱；1ppm=1×10^{-6}

（125 MHz，CDCl3）为δ 156.68；145.96；141.21；141.08；130.44；129.42；129.13；128.21；61.84；32.81；31.34。我们的核磁结果确定该化合物就是3,4-DDPS的喹喔啉衍生物，这与Gensberger等与Mavric等关于该结构的核磁质谱报道是一致的。

这是首次报道在糖浆中有3,4-DDPS，且可作为高果糖玉米糖浆的潜在特征化合物。先前的研究表明，通过加热麦芽糖、乳糖和乳果糖等双糖可以形成3,4-DDPS。根据Mavric和Henle的结果，4-脱氧葡萄糖酮可能是3,4-DDPS的前体。而Smuda等人提出了其通过3-脱氧戊糖的美拉德反应降解形成机制。此外，3,4-DDPS可能是多聚葡萄糖的主要降解产物。高果糖玉米糖浆通过玉米淀粉水解和葡萄糖部分异构化生成果糖，最后形成包括果糖、葡萄糖和各种低聚糖的混合物。然而，刺槐蜂蜜主要含有果糖和葡萄糖，因此不具备形成3,4-DDPS的条件。在水解和异构化过程中，高果糖玉米糖浆经过热处理，形成α-DCs。由于原料和加工工艺的差异，高果糖玉米糖浆中的3,4-DDPS含量明显高于刺槐蜂蜜。

IM-MS的应用不仅提供了保留时间和MS/MS信息，还提供了化合物的CCS值。CCS值具有高度的可重复性，可作为化合物鉴定的特征参数。一般来说，CCS值的获取有两种方法，包括化学标准物质建模计算和实际测定。在本研究中，使用化学标准物质的测量来获得目标化合物的CCS值。在单电场作用下，3,4-DDPS的喹喔啉衍生物（3,4-DDPS-Q）的漂移时间为16.56ms，其CCS值为139.3$Å^2$。图3-10显示了提取的目标离子的漂移时间（*m*/*z* 189.1023）。通常，在多电场条件下获得的CCS值被用作参考。使用单场和多场下CCS之间测量的相对误差来评估测定结果的准确度（Li et al.，2020）。3,4-DDPS-Q的计算相对误差为0.2%，因此所获得的CCS值是较准确的。

（七）刺槐蜂蜜和高果糖玉米糖浆中3,4-DDPS的定量结果

由于串联质谱与高分辨质谱相比具有更高的灵敏度和定量准确性，因此本研究开发了一种基于UHPLC-MS/MS的蜂蜜和糖浆样品中3,4-DDPS的定量方法。选用1mg/L 3,4-DDPS-Q的标准溶液进行质谱条件优化。在正模式下，扫描确认母离子为*m*/*z* 189.1。将碎裂电压分别设置为80 V、90 V、100 V和110 V以进行优化，其中100 V产生的母离子丰度最高。通过测试5eV、10eV、15eV和20eV的碰撞能量来优化CE，发现15eV产生的子离子信号强度最高（*m*/*z* 171.1和*m*/*z* 159.1）。MRM条件见表3-3，结果如图3-12所示。采用甲醇连续稀释制备3,4-DDPS-Q的 6个梯度标准溶液（0.01mg/L、0.05mg/L、0.10mg/L、0.50mg/L、1.00mg/L和10.00mg/L），并用UHPLC-MS/MS进行测定。3,4-DDPS-Q的标准曲线方程为$y = 265018x + 539$（$R^2 = 0.9996$），其中x、y分别代表标准溶液的浓度和

峰面积。3,4-DDPS-Q 标准曲线在 0.01～10.0mg/L 范围内呈良好的线性变化。在 3 种加标浓度（0.05mg/L、0.10mg/L 和 1.0mg/kg）下，测定的准确度令人满意（回收率 99.0%～102.9%，RSD<1.6%）。在信噪比为 3 和 10 时，3,4-DDPS-Q 的 LOD 和 LOQ 分别为 0.006mg/kg 和 0.015mg/kg。

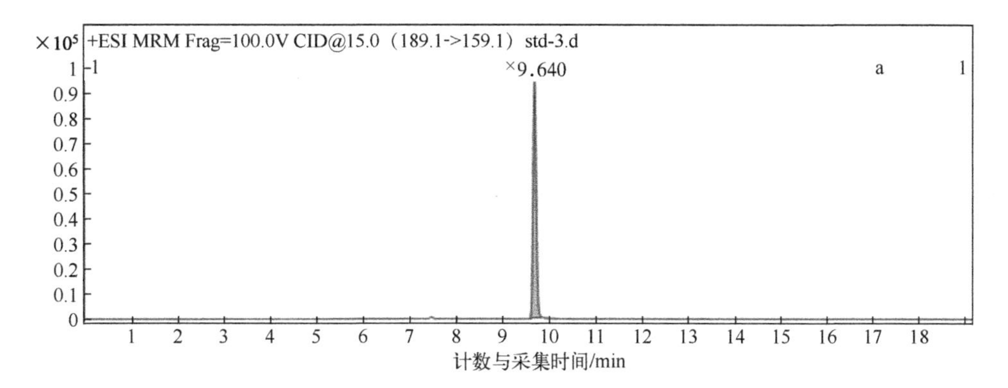

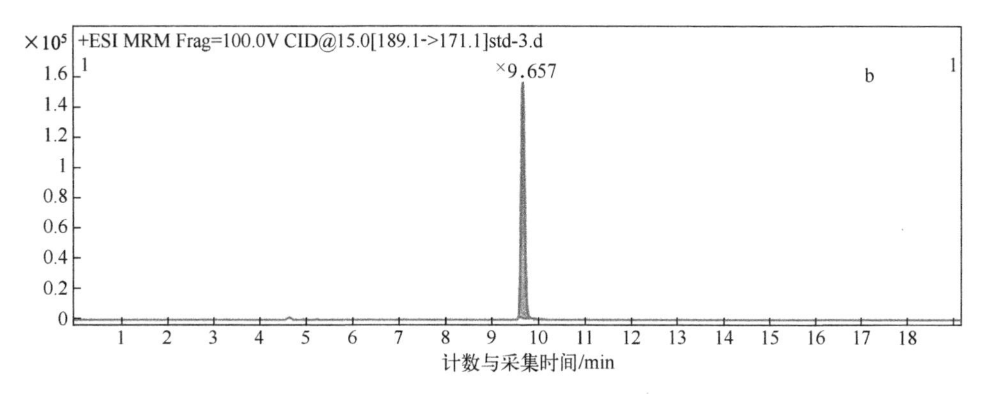

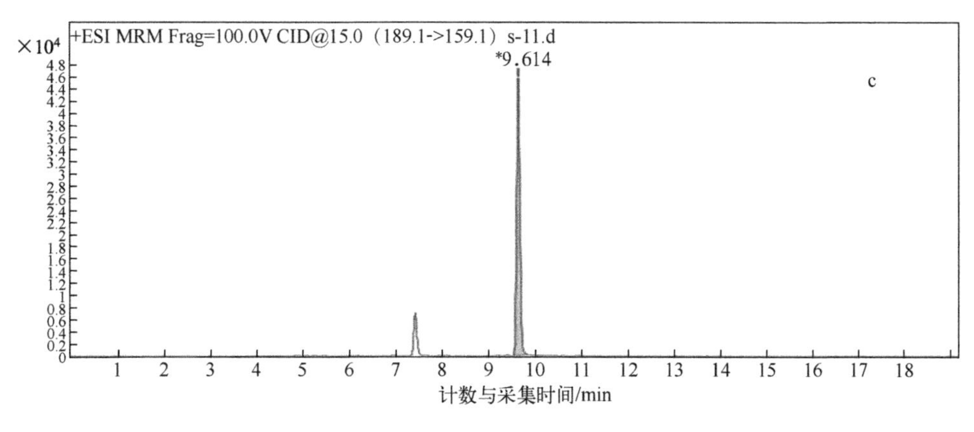

图 3-12

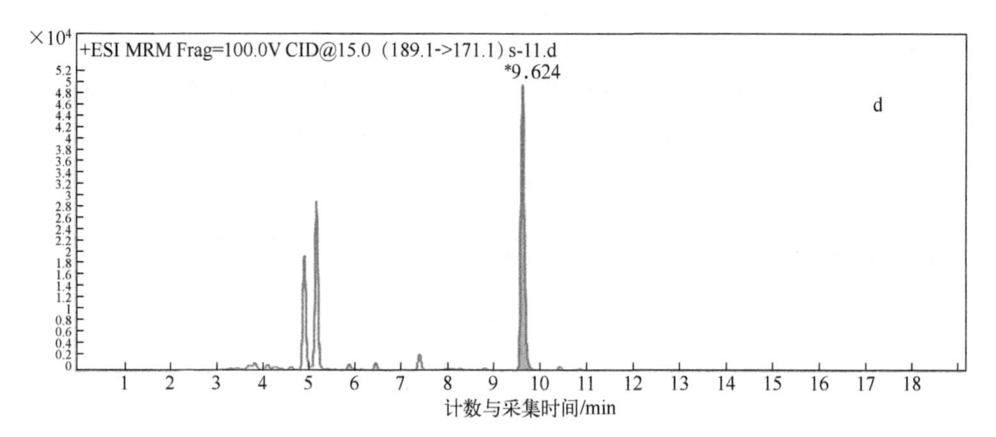

图 3-12　采用 UHPLC-MS/MS 分析 3,4-DDPS-Q 的色谱图

a—标准品子离子 *m/z* 159.1 的色谱图；b—标准品子离子 *m/z* 171.1 的色谱图；c—糖浆样品中子离子 *m/z* 159.1 的色谱图；d—糖浆样品中子离子 *m/z* 171.1 的色谱图

3,4-DDPS 在被 OPD 衍生化后在 0h、6h、12h、18h、24h 内对其进行重复分析，比较 3,4-DDPS-Q 在样品溶液中的稳定性。结果表明，样品溶液中 3,4-DDPS-Q 在 24h 内可保持稳定。

随后我们使用本研究建立的 UHPLC-MS/MS 方法分析 30 个刺槐蜂蜜样品和 30 个高果糖玉米糖浆样品。30 份刺槐蜂蜜样品中 3,4-DDPS 含量均≤0.098mg/kg，而 30 份高果糖玉米糖浆样品中 3,4-DDPS 含量在 1.174～2.866mg/kg 之间变化（表 3-6）。HFCS 中 3,4-DDPS 含量至少是刺槐蜂蜜的 12 倍。在室温下储存一年，研究了刺槐蜂蜜样品中 3,4-DDPS 的稳定性。10 个刺槐蜂蜜样品中 3,4-DDPS 的平均浓度在开始时为 0.082mg/kg，储存 1 年后为 0.090mg/kg，增加了 9.8%。结果表明，在储存一年后，刺槐蜂蜜中 3,4-DDPS 的含量略有增加，但仍明显低于高果糖玉米糖浆。

表 3-6　3,4-DDPS 在刺槐蜂蜜和高果糖玉米糖浆中的含量

样品	浓度/（mg/kg）	样品	浓度/（mg/kg）
H1	0.095	H7	0.085
H2	0.065	H8	0.096
H3	0.060	H9	0.087
H4	0.072	H10	ND
H5	0.058	H11	ND
H6	0.098	H12	0.080

续表

样品	浓度/（mg/kg）	样品	浓度/（mg/kg）
H13	0.087	S7	1.405
H14	0.082	S8	2.522
H15	0.093	S9	1.983
H16	0.094	S10	1.236
H17	0.039	S11	1.442
H18	0.046	S12	1.586
H19	0.055	S13	1.333
H20	0.091	S14	1.174
H21	0.089	S15	1.959
H22	0.027	S16	1.978
H23	0.037	S17	1.723
H24	ND	S18	1.532
H25	0.064	S19	1.626
H26	0.086	S20	1.547
H27	0.074	S21	2.866
H28	0.021	S22	1.183
H29	0.080	S23	1.321
H30	0.093	S24	1.641
S1	1.865	S25	1.723
S2	1.767	S26	2.056
S3	1.955	S27	1.926
S4	1.267	S28	1.174
S5	1.185	S29	1.390
S6	1.997	S30	2.383

注：ND 表示样品中的 3,4-DDPS 的含量低于 LOD。

（八）利用 3,4-DDPS 鉴别高果糖玉米糖浆掺假蜂蜜与传统方法相比较

市场上最常见的糖浆掺假比例是 20%～60%，有时甚至直接用高果糖玉米糖浆伪造刺槐蜂蜜。由于少量的高果糖玉米糖浆掺假不能为假刺槐蜂蜜带来足够的利润，因此，我们用 UHPLC-MS/MS 测试了掺假较高浓度（即 20%、40%和 60%）高果糖玉米糖浆的蜂蜜样品。结果表明，相对应于上述糖浆掺假比例，3,4-DDPS 含量分别为 0.328mg/kg、0.657mg/kg 和 0.964mg/kg。加 20% 高果糖玉米糖浆的刺

槐蜂蜜中3,4-DDPS含量已超过0.098mg/kg的阈值，表明利用3,4-DDPS可用于鉴别掺入至少20% 高果糖玉米糖浆的刺槐蜂蜜。

随后，我们测试了新建立的UHPLC-MS/MS方法的准确性。调查不同来源的60个刺槐蜂蜜样品，从中鉴别掺假蜂蜜。其中，3个样品中3,4-DDPS含量较高，我们怀疑其掺入了高果糖玉米糖浆。进一步使用薄层色谱（TLC）和稳定碳同位素比值分析（SCIRA），这两种传统方法测定这些样品。SCIRA检测方法与我们的检测结果一致，而TLC检测方法仅检测到一个高果糖玉米糖浆阳性样品（详见表3-7）。与传统方法相比，本研究开发的UHPLC-MS/MS鉴别方法简单、有效、省时、准确，可用于检测刺槐蜂蜜中高果糖玉米糖浆掺假。

表3-7　UHPLC-MS/MS方法与传统方法比较结果

样品	3,4-DDPS含量 /（mg/kg）	TLC	SCIRA
CH42	0.631	−	>7%
CH48	0.395	−	>7%
CH55	1.072	+	>7%

注：“+”表示检测到，“−”表示未检测到；“>7%”是指添加糖浆超过7%，为阳性样品。

第二节　Amadori化合物在鉴别蜂蜜质量中的研究

一、样品收集

33个自然成熟刺槐蜂蜜样品（编号为NA1到NA33）均来自合作养蜂社。刺槐花蜜是从养蜂场附近的刺槐花中取得的。将刺槐花蜜在55℃下用旋转蒸发仪（Buchi，Rotavapor R-210，瑞士）模拟蜂蜜真实加工条件浓缩得热浓缩刺槐蜜。33个商业的热浓缩刺槐蜜样品（标记HA1～HA33）购买于蜂蜜生产商，且均在2年的货架期内。

二、主要试验方法

（1）蜂蜜样品前处理　每个蜂蜜样品取1g溶于5mL去离子水中。混合溶液用尼龙膜（13mm，0.2μm，安捷伦，中国制造）过滤，置于进样小瓶中备用。

（2）UHPLC-Q-TOF-MS 分析　自然成熟刺槐蜂蜜（NMAH）和热浓缩刺槐蜜（AHAH）样品使用 6560 四极杆飞行时间质谱（Q-TOF MS）（安捷伦，帕洛阿尔托，加利福尼亚州，美国）进行分析。AJS 电喷雾电离源（ESI）在正离子模式下工作。具体操作条件为：干燥气体温度为 300℃，流速是 13L/min，鞘气温度设为 350℃，流速为 12L/min，雾化器气体压力 40psi。毛细管电压为 3000 V，喷嘴电压为 500 V。Fragmentor 设置为 380 V，扫描速率为 1 谱/s，在 *m/z* 50～1500 范围内采集数据。样品由 Agilent 1290 系列 UHPLC（安捷伦，帕洛阿尔托，加利福尼亚州，美国）液相色谱引入质谱仪，其中包括一个自动进样器、一个四元泵、一个柱温箱和一个 Hypercarb（2.1mm×100mm，1.8μm）色谱分离柱（热电，美国）。柱温设为 55℃，进样量为 2μL。流动相是由 0.2%甲酸水（A 相）和 0.1%甲酸乙腈（B 相）组成的，流速设为 0.2mL/min。梯度洗脱条件为：0～1min，25% B；1～10min，90% B；10～12min，90% B；　12～13min，25% B，后运行 3min。为了确保运行时的质量精度，选用 *m/z* 121.050873 和 922.009798 作为参比离子。靶向 MS/MS 分析是为了确定母离子为 *m/z* 328.1391 的离子碎片。

（3）AHAH 样品中目标化合物的制备　由于富含目标化合物，选用 HA30 制备目标化合物纯品。采用制备型高效液相色谱仪（PHPLC）（安捷伦，美国）进行分离纯化，该仪器由 1362A 制备泵、制备柱（Zorbax SB-Aq C18，21.2mm × 250mm，5μm）和二极管阵列（DAD）检测器组成。紫外波长设定为 210nm。水（A）和甲醇（B）作为流动相，流速设为 25mL/min，进样体积为 1.0mL。梯度洗脱条件为：0～8min，0% B；8～15min，50% B；15～20min，90% B；20～25min，5% B。收集 5.0～7.5min 的组分，经冷冻干燥得到目标化合物，并通过靶向 MS/MS 对获得的化合物进行鉴定。

（4）核磁质谱分析　核磁鉴定以准确确定目标化合物的结构。将纯化后的化合物（8.0mg）溶于 650μL 重水中。布鲁克的 Avance Ⅲ HDX 600 MHz Ascend（莱茵施泰滕，德国）分别在 600 MHz 和 125 MHz 获得 ^{1}H 谱和 ^{13}C 谱。

（5）UHPLC-MS/MS 分析和定量　用 Agilent 6495 串联质谱（安捷伦，帕洛阿尔托，加利福尼亚州，美国）在正离子模式下测定所筛选的化合物。干燥气体温度为 230℃，流速为 18mL/min。鞘气温度设置为 360℃，流速为 12mL/min，雾化气压力为 45psi。毛细管电压为 3000 V，喷嘴电压为 0 V。为了准确定量目标化合物，根据表 3-8 所示条件实施多反应监测（MRM）模式测定。色谱柱和流动相与前面的 UHPLC-Q-TOF-MS 方法一致。洗脱过程为：0～1min，5% B；1～10min，90% B；10～12min，90% B；12～13min，5% B，后运行时间为 3min。进样量为 2μL，流速为 0.2mL/min。UHPLC-MS/MS 分析重复 3 次。

表 3-8 目标化合物的 MRM 模式定量信息

化合物	母离子-子离子	碎裂电压/V	碰撞能/eV	延停时间/ms
Fru-Phe[*N*-(1-脱氧-1-果糖基)苯丙氨酸]	328 → 310①	380	15	150
	328 → 292	380	15	150

① 表示用于定量。

三、NMAH 和 AHAH 的基础理化指标分析结果

为了确认这些蜂蜜样品的真实性，并初步比较 NMAH 和 AHAH，对这些蜂蜜样品的基础理化指标进行了测定，详细结果见表 3-9。NMAH 样品的水分含量为 18.6%～19.8%，总葡萄糖和果糖含量为 65.31～71.22g/100g，5-HMF 含量为 2.72～25.36mg/kg，淀粉酶活性为 15.1～24.4 Göthe units，游离酸度是可接受的。AHAH 样品的含水量为 17.3%～19.2%，总葡萄糖和果糖含量为 66.71～73.17g/100g，其中 5-HMF 含量为 4.16～36.81mg/kg，淀粉酶活性范围为 8.6～14.8 Göthe units，游离酸度均符合标准参考值。根据欧洲相关质量法规和食品法典委员会规定，所有 NMAH 和 AHAH 样品都符合蜂蜜质量标准，表明通过常规的蜂蜜理化指标很难鉴别热浓缩蜜。

表 3-9 NMAH 和 AHAH 样品的理化指标分析结果

样品	水分含量 /%	总葡萄糖和果糖含量 /（g/100g）	5-HMF /（mg/kg）	淀粉酶活性（Göthe units）	游离酸 /（meq/kg）
NA1	18.8 ± 0.2	69.12 ± 0.28	5.35 ± 0.21	19.1 ± 0.2	12.2 ± 0.2
NA2	18.6 ± 0.2	68.41 ± 0.31	17.03 ± 0.19	16.5 ± 0.2	10.5 ± 0.4
NA3	19.3 ± 0.1	70.01 ± 0.19	5.64 ± 0.30	20.2 ± 0.3	13.7 ± 0.3
NA4	19.5 ± 0.3	66.22 ± 0.36	5.81 ± 0.29	21.8 ± 0.2	11.6 ± 0.3
NA5	19.2 ± 0.1	68.09 ± 0.31	9.16 ± 0.25	18.4 ± 0.1	13.8 ± 0.4
NA6	19.1 ± 0.1	69.72 ± 0.11	4.02 ± 0.18	22.6 ± 0.3	11.3 ± 0.3
NA7	18.7 ± 0.3	70.51 ± 0.31	20.01 ± 0.20	17.5 ± 0.2	12.8 ± 0.4
NA8	18.9 ± 0.4	70.09 ± 0.25	16.33 ± 0.14	23.3 ± 0.2	12.8 ± 0.3
NA9	18.8 ± 0.2	71.09 ± 0.36	8.26 ± 0.31	16.8 ± 0.3	12.4 ± 0.2
NA10	19.5 ± 0.3	70.13 ± 0.09	3.03 ± 0.12	20.3 ± 0.1	10.6 ± 0.3
NA11	19.0 ± 0.2	71.05 ± 0.28	6.19 ± 0.24	19.4 ± 0.2	11.1 ± 0.4

续表

样品	水分含量 /%	总葡萄糖和果糖含量 /（g/100g）	5-HMF /（mg/kg）	淀粉酶活性 （Göthe units）	游离酸 /（meq/kg）
NA12	19.8±0.1	65.31±0.36	2.72±0.09	17.8±0.1	10.8±0.2
NA13	19.6±0.2	67.21±0.24	20.41±0.28	16.3±0.3	12.8±0.1
NA14	19.1±0.1	65.52±0.18	3.35±0.11	22.9±0.4	13.5±0.3
NA15	18.9±0.3	70.19±0.12	5.01±0.26	15.1±0.2	11.4±0.3
NA16	18.7±0.2	71.05±0.22	3.96±0.17	16.7±0.3	10.3±0.3
NA17	19.5±0.2	67.25±0.13	5.24±0.30	19.1±0.2	12.4±0.2
NA18	19.8±0.3	68.19±0.30	13.82±0.25	17.2±0.3	12.7±0.4
NA19	19.4±0.2	67.97±0.29	18.36±0.22	20.5±0.3	13.3±0.3
NA20	19.2±0.1	66.38±0.31	4.46±0.19	15.9±0.2	10.6±0.2
NA21	19.6±0.3	71.22±0.19	7.78±0.22	17.1±0.1	11.2±0.3
NA22	19.4±0.1	69.01±0.32	5.06±0.31	22.4±0.2	10.2±0.2
NA23	19.0±0.3	70.07±0.14	8.16±0.25	23.6±0.3	12.7±0.4
NA24	18.6±0.2	70.71±0.31	6.59±0.34	17.9±0.2	11.5±0.3
NA25	18.8±0.4	71.06±0.26	7.03±0.14	19.6±0.4	10.1±0.2
NA26	19.3±0.1	69.34±0.29	8.01±0.21	20.4±0.2	10.0±0.4
NA27	19.0±0.2	68.55±0.27	9.12±0.28	19.7±0.1	13.6±0.3
NA28	18.9±0.2	70.18±0.20	7.33±0.17	22.6±0.3	11.4±0.3
NA29	19.1±0.2	69.04±0.17	20.64±0.29	23.8±0.2	13.7±0.2
NA30	18.7±0.3	71.02±0.35	6.48±0.20	17.3±0.3	10.2±0.4
NA31	18.8±0.2	70.96±0.28	7.19±0.36	24.4±0.2	12.3±0.3
NA32	18.9±0.1	70.88±0.15	25.36±0.25	16.3±0.2	14.1±0.2
NA33	19.0±0.2	67.49±0.23	18.73±0.41	19.0±0.3	13.8±0.2
HA1	17.8±0.2	73.09±0.27	6.15±0.11	13.5±0.2	11.3±0.3
HA2	17.5±0.2	73.15±0.22	7.24±0.23	13.3±0.3	11.5±0.3
HA3	18.6±0.3	70.06±0.17	5.05±0.17	14.8±0.3	12.1±0.2
HA4	18.7±0.2	69.86±0.26	8.19±0.22	11.5±0.3	13.0±0.2
HA5	19.1±0.1	67.03±0.19	8.04±0.16	10.9±0.2	12.6±0.1
HA6	18.7±0.3	69.51±0.30	6.37±0.23	14.3±0.3	10.8±0.3
HA7	18.4±0.2	70.38±0.21	5.12±0.18	13.8±0.1	12.5±0.2

续表

样品	水分含量/%	总葡萄糖和果糖含量/（g/100g）	5-HMF/（mg/kg）	淀粉酶活性（Göthe units）	游离酸/（meq/kg）
HA8	18.2±0.2	69.81±0.36	36.81±0.35	9.8±0.3	13.6±0.3
HA9	18.8±0.3	72.18±0.15	7.15±0.28	12.7±0.2	11.5±0.4
HA10	18.9±0.4	70.04±0.21	10.39±0.30	13.9±0.2	11.1±0.2
HA11	19.2±0.1	66.71±0.24	16.28±0.45	10.3±0.3	12.1±0.3
HA12	19.1±0.2	69.55±0.09	17.15±0.26	11.7±0.2	11.6±0.3
HA13	18.5±0.1	71.82±0.21	15.72±0.24	11.2±0.4	11.4±0.2
HA14	17.6±0.2	71.38±0.32	5.01±0.20	12.6±0.3	10.2±0.1
HA15	17.3±0.2	73.17±0.28	9.47±0.31	14.6±0.3	11.8±0.5
HA16	18.4±0.3	68.45±0.11	28.22±0.24	8.8±0.2	13.2±0.4
HA17	18.5±0.2	69.06±0.27	7.12±0.25	12.4±0.3	12.6±0.3
HA18	19.2±0.3	66.93±0.24	4.88±0.18	9.3±0.1	10.7±0.2
HA19	18.8±0.2	70.33±0.19	11.38±0.41	10.1±0.2	11.7±0.3
HA20	18.6±0.1	70.09±0.16	14.02±0.21	9.0±0.3	14.2±0.4
HA21	19.0±0.3	67.29±0.33	9.36±0.29	12.5±0.2	12.5±0.2
HA22	17.6±0.1	73.11±0.34	4.16±0.30	13.1±0.3	10.3±0.3
HA23	17.9±0.3	72.19±0.26	6.71±0.21	12.7±0.3	13.1±0.2
HA24	18.2±0.2	69.30±0.29	33.56±0.42	9.5±0.3	13.6±0.2
HA25	18.5±0.3	70.41±0.34	8.03±0.22	10.3±0.2	11.4±0.3
HA26	18.1±0.2	70.23±0.27	16.07±0.13	11.6±0.3	13.8±0.5
HA27	18.4±0.1	70.05±0.15	8.04±0.20	9.4±0.4	10.6±0.4
HA28	19.1±0.2	67.04±0.23	5.45±0.09	11.9±0.3	12.9±0.3
HA29	17.7±0.1	72.95±0.14	26.72±0.24	9.2±0.2	13.7±0.2
HA30	17.9±0.3	71.74±0.21	35.03±0.35	8.6±0.2	13.6±0.4
HA31	18.3±0.1	70.13±0.18	8.61±0.25	10.2±0.3	12.4±0.3
HA32	18.4±0.2	70.72±0.20	7.09±0.12	11.5±0.2	11.9±0.2
HA33	18.6±0.1	69.26±0.32	8.60±0.28	12.1±0.2	10.7±0.4
IA1	26.2±0.2	49.95±0.15	0.35±0.03	9.6±0.3	9.5±0.3
IA2	28.3±0.5	48.08±0.23	0.24±0.04	9.3±0.2	10.2±0.2
IA3	26.9±0.3	50.07±0.38	0.31±0.06	9.2±0.1	9.7±0.3

四、非靶向代谢分析 NMAH 和 AHAH 结果

本研究涉及的刺槐蜂蜜样品均符合蜂蜜的常规理化指标要求，但由于加工方法不同，NMAH 和 AHAH 需要通过特定的小分子化合物进行区分。因此，我们采用非靶向代谢方法筛选能够区分 NMAH 和 AHAH 的化合物。为了比较 NMAH 和 AHAH 的小分子代谢物，我们使用 UHPLC-Q-TOF-MS 获得了 MS 数据。通过分子特征提取和数据过滤，从 33 个 NMAH 样品和 33 个 AHAH 样品中共获得 638 个分子特征。基于这些分子特征，AHAH 和 NMAH 样品之间的差异被反映在 PCA 散点图中（图 3-13a）。在这些蜂蜜样品中，QC 样品聚在一起，说明 MS 数据的质量是令人满意的。PCA 结果表明 NMAH 和 AHAH 样品可充分区分，进一步对 NMAH 和 AHAH 进行差异化合物分析。

用火山图分析的方法筛选 NMAH 和 AHAH 之间的目标差异化合物。基于分子量、保留时间和峰面积，筛选了 45 个差异化合物，包括 6 个上调化合物（NMAH 与 AHAH）和 39 个下调化合物（NMAH 与 AHAH）（图 3-13b）。合适的目标差异化合物应满足以下要求：①存在于 AHAH 中，而在 NMAH 样品中很少或无法检测到；②稳定且易于测定。进一步检测 p 值较低的上调化合物，包括分子质量为 108.0211Da、310.067Da、327.1321Da、346.0881Da、310.0671Da、285.1011Da、287.1163Da、413.1539Da、348.1174Da、258.0721Da、327.0992Da、261.1216Da、412.2065Da、279.0971Da、359.1569Da、449.1693Da、302.0623Da 和 305.1266Da 的化合物。

为了验证 NMAH 和 AHAH 样品中这些化合物含量的真实差异，在 Profinder B.10.00 软件中对 12 个随机蜂蜜样品进行目标特征提取。只有一种化合物符合上述差异化合物分析要求，其分子质量为 327.1321Da，保留时间为 1.926min。NMAH 样品中该化合物的峰面积在 52740 至 379910 之间，而 AHAH 样品中该化合物的峰面积在 2393433 至 5920822028 之间（图 3-13c）。在 12 个随机选取的蜂蜜样品中，AHAH 样品的最小峰面积为 2393433（HA14），NMAH 样品的最大峰面积为 379910（NA8），详见表 3-10。AHAH 中筛选的目标化合物的峰面积比 NMAH 中峰面积高出 6 倍。根据 Metlin 数据库，初步确定目标物质为 Amadori 化合物 *N*-（1-脱氧-1-果糖基）苯丙氨酸（Fru-Phe）。因此，我们初步认为这种化合物可以作为鉴别热浓缩蜜的潜在特征物。

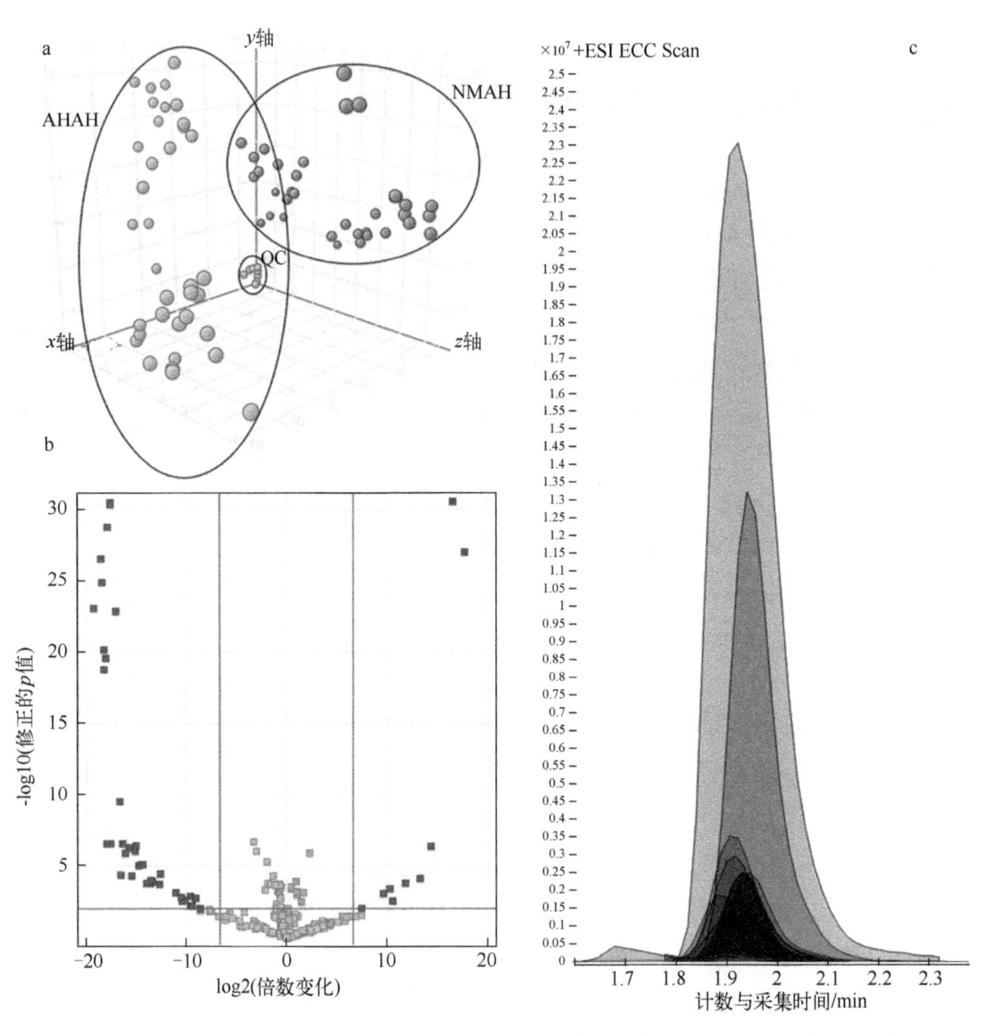

图 3-13 AHAH 和 NMAH 样品差异分析

a—AHAH 和 NMAH 样品的 PCA 散点图；b—AHAH 与 NMAH 的火山图（$p<0.001$），每个点代表一个化合物，蓝点表示该化合物在 NMAH 组中显著下调，红点表示 NMAH 组中显著上调的化合物，灰色点表示在两组中无显著差异；c—AHAH 和 NMAH 的 m/z 为 328.1382 的目标特征提取，红色高亮的峰代表 NMAH 样品中的化合物，黑色高亮的峰代表 AHAH 样品中的化合物

表 3-10 NMAH 和 AHAH 样本的目标特征离子提取

样品	峰面积	样品	峰面积
NA1	52740	NA31	67450
NA5	63836	NA27	77789

续表

样品	峰面积	样品	峰面积
NA28	85811	HA14	2393433
NA17	90463	HA31	2448453
NA23	99768	HA28	2673413
NA19	111038	HA1	3378169
NA7	176002	HA3	4505014
NA2	357116	HA6	4506204
NA8	379910	HA17	4540911
HA29	23632169	HA26	5465992
HA8	5920822028	HA23	6521158

五、鉴定由 AHAH 样品中制备的目标化合物结构

Amadori 化合物的标准品很难从商业渠道获得。为了准确确定所筛选化合物的结构，选择目标化合物含量最高的 HA30 样品制备目标化合物纯品。通过 PHPLC 法获得 5.3mg 目标化合物。

首先在 Target MS/MS 模式下，用 Q-TOF-MS 对制备的纯化化合物进行鉴定。*m/z* 328.1382 的母离子产生的碎片离子为 *m/z* 310.1282、292.1174、281.0506、178.0855 和 166.0859（图 3-14）。这些代表性子离子与报道的 Fru-Phe 的碎片离子相同，且存在 Amadori 化合物的特征离子$[AA\text{-}H+CH_2]^+$和$[M+H]^+$。对于 Fru-Phe，它的典型特征离子 *m/z* 分别为 178.0855 和 328.1382。为了进一步验证上述预测，用核磁质谱对纯化物质的结构进行了鉴定，结果为：^{1}H NMR（600 MHz，D_2O）：δ 7.42～7.31（m，5H），3.98～3.95（m，2H），3.93（t，*J*=6.0Hz，1H），3.84（dd，*J*=10.2，3.6Hz，1H），3.71（dd，*J*=10.2，3.6Hz，1H），3.70（d，*J*=9.6Hz，1H），3.25～3.17（m，4H）；^{13}C NMR（150 MHz，D_2O）：δ 173.5，135.0，129.3，129.0，127.6，95.4，70.1，69.3，68.8，64.3，63.7，52.9，36.1。最终通过核磁质谱确定该化合物为 Fru-Phe，其结果与 Hofmann 和 Schieberle 的报道结果一致。

经高分辨率质谱和核磁质谱鉴定，所得特征化合物确定为 Fru-Phe，这是首次在蜂蜜中检测到这种化合物。在美拉德反应的初始阶段，氨基酸易与葡萄糖反应生成 *N*-取代的 1-氨基-1-脱氧酮类化合物（Amadori 化合物）。Amadori 化合物在风味和颜色的形成中起着关键作用。然而，糖基化可以加速其它美拉德反应产物的形成，其中大多数对人类健康不利。食品的热加工可以产生大量的 Amadori 化合物，如在甜椒、番茄

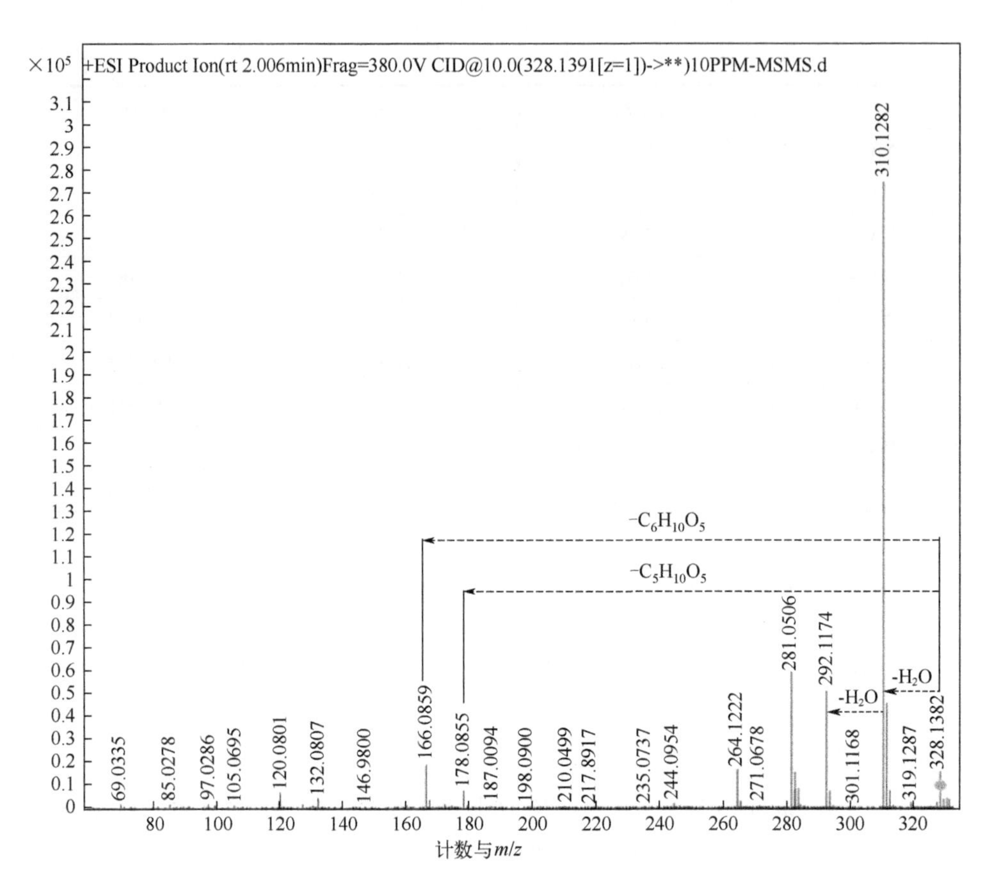

图 3-14 目标化合物的子离子图谱（*m/z* 为 328.1382）

酱和可可豆中都有报道。因此，Amadori 化合物可以成为判别热处理与否的潜在指标。

Fru-Phe 已被报道存在于多种食物中，它可以在高温下通过氧化降解直接产生 Strecker 醛。与其他高温降解产物相比，Fru-Phe 具有稳定的化学和物理特性。因此，Fru-Phe 可能是一种适合区分 NMAH 和 AHAH 的特征物。

六、UHPLC-MS/MS 定量 NMAH 和 AHAH 中的 Fru-Phe

串联质谱比 Q-TOF-MS 具有更高的灵敏度和特异性，更适合于目标化合物的定量分析。我们拟通过建立 UHPLC-MS/MS 方法来准确定量蜂蜜样品中的 Fru-Phe。将制备的 Fru-Phe 标准品稀释为 0.125mg/L 的溶液，该标品液用于优化质谱条件。首先通过全扫描模式确定 *m/z* 328.1 为母离子。安捷伦 6495 串联质谱适合的碎裂电压为 380 V。在 5eV、10eV、15eV 和 20eV 这些测试的碰撞能量中，15eV 产生的子离子丰度最高（表 3-8）。

优化后的色谱结果如图 3-15 所示。以 m/z 310 为定量离子，m/z 292 为定性离子，Fru-Phe 的保留时间为 5.03min。Fru-Phe 标品逐级稀释（0.01mg/L、0.05mg/L、0.125mg/L、0.25mg/L、0.5mg/L、1.00mg/L）绘制标准曲线，方程为 y=449564x+126（R^2=0.9992），其中 x 和 y 分别代表 Fru-Phe 浓度和峰面积。在 0.01～1.00mg/L 范围内，Fru-Phe 的标准曲线呈良好的线性关系。在 0.05mg/L、0.5mg/L 和 1mg/L 这 3 个浓度下，回收率为 98.6%～105.3%，且 RSD＜1.8%，表明该方法重现性好，准确性高。在信噪比分别为 3 和 10 时，Fru-Phe 的 LOD 和 LOQ 分别为 0.005mg/L 和 0.01mg/L。

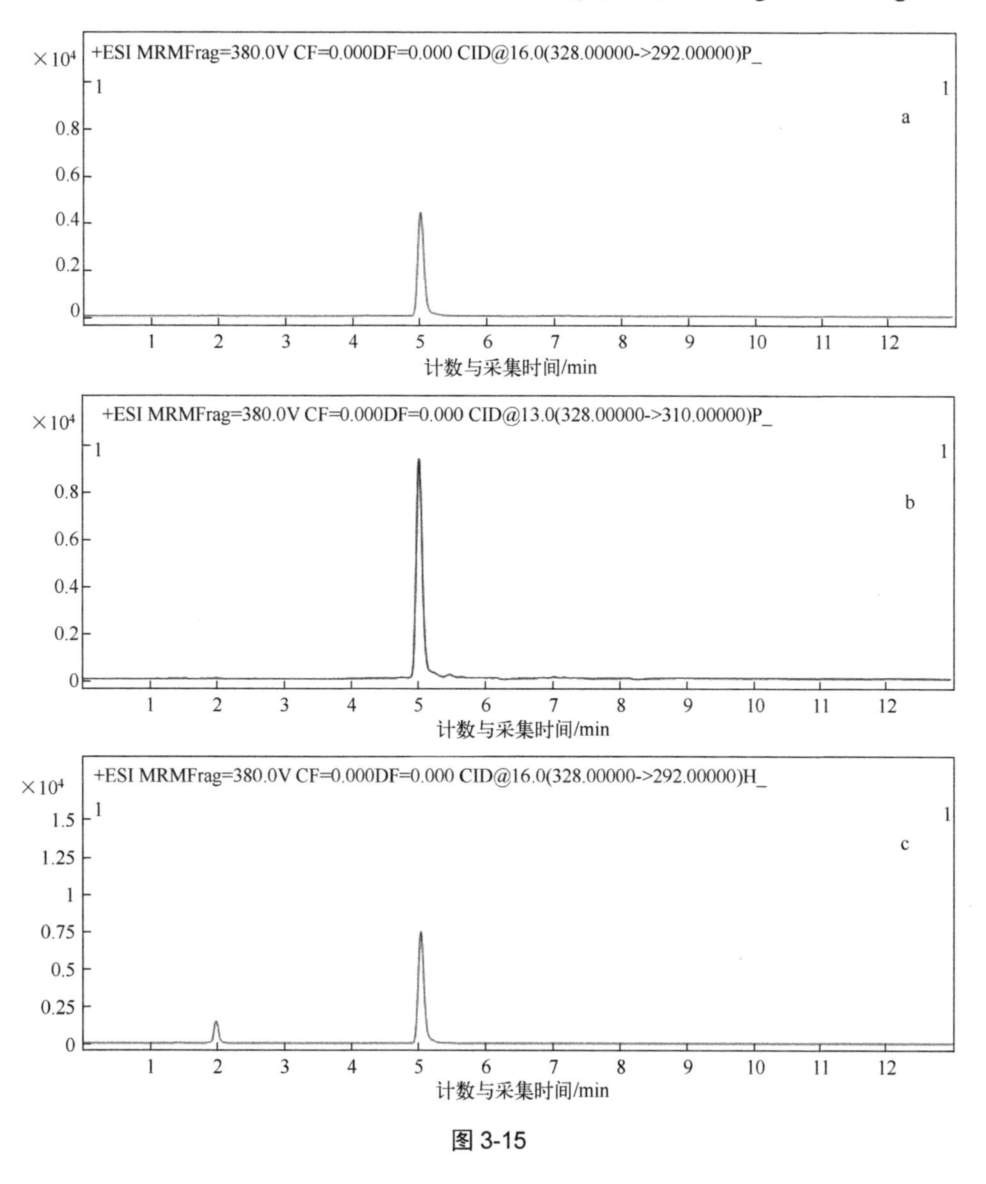

图 3-15

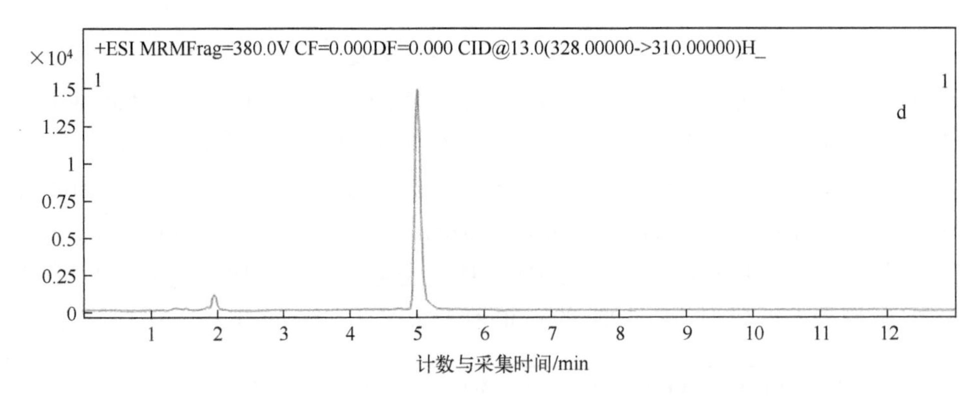

图 3-15 Fru-Phe 的 UHPLC-MS/MS 优化方法的色谱图

a—标准品的子离子（*m/z* 292.0）；b—标准品的子离子（*m/z* 310.0）；c—AHAH 样品中目标化合物子离子（*m/z* 292.0）；d—AHAH 样品中目标化合物子离子（*m/z* 310.0）

采用所建立的 UHPLC-MS/MS 方法测定 NMAH 和 AHAH 样品中 Fru-Phe 的含量。33 个 NMAH 样品中 Fru-Phe 的浓度范围为 0.09～1.54mg/kg，33 个 AHAH 样品中 Fru-Phe 的浓度范围为 10.00～371.54mg/kg，热处理后加速了蜂蜜样品中 Amadori 化合物的产生。在人工加热的样品中，Fru-Phe 的含量发生了显著变化，与 NMAH 相比，AHAH 中 Fru-Phe 的含量至少增加了 6 倍。为了进一步确定受热对 Fru-Phe 形成和积累的影响，将刺槐花蜜模拟实际加工条件进行加热处理，得到 AHAH。刺槐花蜜中 Fru-Phe 的初始含量为 0.15mg/kg，加热后急剧增加到 10.63mg/kg。这说明热处理可以促进蜂蜜样品中 Fru-Phe 的积累。

对大蒜进行热处理生产黑蒜的过程中也会导致 Amadori 化合物的形成。黑蒜提取物中 Fru-Phe 含量为 130.76～159.51mg/kg，而生蒜提取物中未检出 Amadori 化合物。在另一个例子中，采用不同的烹饪方式（例如空气煎炸和煮沸）会影响蔬菜中 Amadori 化合物的总含量。因此，Amadori 化合物是表明受热处理的一个敏感指标。常规理化分析表明，加热处理后蜂蜜样品的淀粉酶活性也会降低（NMAH：15.1～24.4 Göthe units；AHAH：8.6～14.8 Göthe units），但其没有 Fru-Phe 含量变化显著。淀粉酶活性可能并不适合作为单独的指标鉴别 AHAH 样品。特别是对保存时间较短的 AHAH 样品，其淀粉酶活性下降幅度较小。由此，我们认为 Fru-Phe 结合淀粉酶活性可以更有效地区分 AHAH 和 NMAH 样品。

七、储存期 Fru-Phe 稳定性的研究

为了研究 Fru-Phe 在室温储存过程中的稳定性，NMAH 和 AHAH 中 Fru-Phe

的含量也被定期分析（图 3-16）。NMAH 样品中 Fru-Phe 的最初含量为 0.523mg/kg，而 AHAH 样品中 Fru-Phe 的最初含量为 3.627mg/kg。NMAH 中 Fru-Phe 含量增加 1.4 倍至 1.248mg/kg，AHAH 中 Fru-Phe 含量增加 2.4 倍至 10.437mg/kg。AHAH 样品中 Fru-Phe 的含量在初始阶段较高，且在储存过程中比 NMAH 样品中的 Fru-Phe 增长更快。在室温下，Amadori 化合物的降解是有限的，然而，这些化合物，包括 Fru-Phe，会有所积累，特别是经过热处理的刺槐蜂蜜。加热也会抑制美拉德反应物质的降解。如（-）-表没食子儿茶素没食子酸酯（EGCG）可与 Amadori 化合物反应形成加合物，防止 Amadori 化合物大量积累，抑制褐变反应。酚类化合物可以抑制 Amadori 进一步反应和蛋白质聚集从而抑制晚期糖基化终产物的产生。总之，在储存过程中，Fru-Phe 在蜂蜜中也相对稳定，可作为区分 NMAH 和 AHAH 的潜在指标。

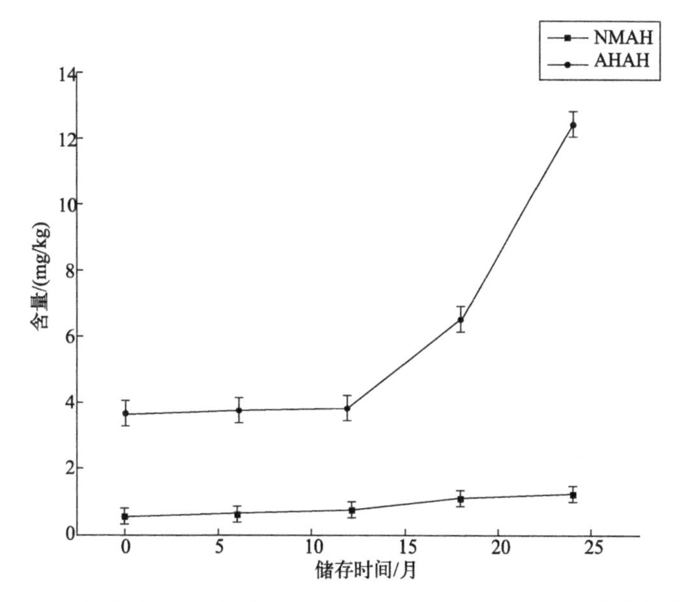

图 3-16　在室温下储存两年的 AHAH 和 NMAH 中 Fru-Phe 的含量变化

第三节　利用多种美拉德产物对蜂蜜储存品质的研究

一、样品收集

试验用荆条蜂蜜样品于 2018 年从北京市密云当地蜂场收集。在室温（25～

30℃）条件下保存，每年取部分蜂蜜样品于−18℃保存至第 4 年分析。蜂蜜样品的基本参数（水、果糖、葡萄糖、蔗糖和蛋白质含量，淀粉酶活，游离酸度）根据 Yan 等报道的方法进行测定。

二、主要试验方法

（1）氨基酸分析　荆条蜂蜜中氨基酸按 SN/T 5223—2019《蜂蜜中 18 种游离氨基酸的测定　高效液相色谱-荧光检测法》进行测定。取 1g 蜂蜜样品加水混合，使终体积为 50mL。Agilent 1100 高效液相色谱结合 ZORBAX Eclipse AAA 色谱柱（4.6mm × 150mm，3.5μm）进行色谱分离。流动相为磷酸二氢钠缓冲液（A）和乙腈/甲醇/水=45/45/10（体积比）的混合溶液（B）。梯度洗脱程序为：0min，100% A；1.9min，100% A；18.1min，43% A；18.6min，0% A；22.3min，0% A；23.2min，100% A；26min，100% A。0min 时，激发波长 340nm，发射波长 450nm；15min 时，激发波长为 266nm，发射波长为 305nm。

（2）Amadori 化合物分析　根据 Yan 等之前开发的方法分析荆条蜜中的 *N*-(1-脱氧-1-果糖基)苯丙氨酸（Fru-Phe）和 *N*-(1-脱氧-1-果糖基)脯氨酸（Fru-Pro）。串联质谱的 MRM 参数见表 3-11，待测 Amadori 化合物的定量信息见表 3-12。

表 3-11　待测 Amadori 化合物的 MRM 参数

化合物	母离子-子离子	碰撞能/eV
Fru-Pro	278.0 → 260.1	15
	278.0 → 242.1	20
Fru-Phe	350.1 → 230.1	30
	350.1 → 201.0	35

表 3-12　基于 UHPLC-MS/MS 的 Amadori 化合物的定量信息

化合物	标准曲线			LOD/（μg/L）	LOQ/（μg/L）	线性范围/（μg/L）
	斜率	截距	R^2			
Fru-Pro	423962	235.43	0.9993	5	10	20.00～500.00
Fru-Phe	390769	267.78	0.9991	6	10	20.00～500.00

（3）5-HMF 分析　1g 蜂蜜样品与 10mL 10%甲醇水溶液混合，用 0.2μm 尼龙膜过滤后进行液相色谱（LC）分析。采用 UHPLC 1290（Agilent Technologies，USA）

结合紫外检测器（记录波长为285nm）测定荆条蜂蜜中5-HMF的含量。采用反相色谱柱SB-C18 RRHD（2.1mm × 100mm，1.8μm，Agilent，USA）进行色谱分离。分离条件为：流动相为甲醇（B）和水（A），流速0.3mL/min。

（4）α-DCs分析　蜂蜜中的α-DCs按照之前Song等和Yan等报道的方法进行测定，并做了一些修改。取5g蜂蜜样品与10mL水混合。将2mL混合物加入2mL 1% OPD水溶液中，在30℃避光条件下过夜反应。α-DCs通过Agilent 1290 UHPLC结合Agilent 6470 QqQ质谱仪（Agilent，Palo Alto，CA，USA）进行定量。选择Agilent Poroshell 120 CS-C18（2.7μm，3.0mm×100mm）进行色谱分离。以流动相A（0.1%甲酸水溶液）和流动相B（甲醇）梯度洗脱，流速为0.3mL/min。梯度洗脱过程为：0min（90% A）、1～10min（80% A → 55% A）、10～12min（55% A → 5% A）、12～15min（5% A）、15.1min（90% A），后运行时间为3min。MRM采集采用正离子模式。质谱条件为：干燥气温度为250℃，干燥气流速为7L/min，鞘气温度为350℃，鞘气流速为11L/min，毛细管电压3500 V，喷嘴电压500 V。MRM的参数见表3-13，定量信息见表3-14。

表3-13　α-DCs的MRM参数

化合物	母离子-子离子	碰撞能/eV
GS-Q	251.1 → 161.2	20
	251.1 → 173.2	20
GO-Q	131.1 → 77.0	40
	131.1 → 51.0	40
MGO-Q	145.0 → 77.1	35
	145.0 → 51.1	35
2,3-BD-Q	159.0 → 117.9	35
	159.0 → 77.0	40
3-DG-Q	235.0 → 199.1	20
	235.0 → 171.1	20

表3-14　基于UHPLC-MS/MS的α-DCs的定量信息

化合物	标准曲线			LOD /（μg/L）	LOQ /（μg/L）	线性范围 /（μg/L）
	斜率	截距	R^2			
GS-Q	138.73	28741.19	0.9999	4.82	9.00	10.00～1000.00

续表

化合物	标准曲线			LOD /（μg/L）	LOQ /（μg/L）	线性范围 /（μg/L）
	斜率	截距	R^2			
GO-Q	303.87	1773.44	0.9998	3.95	8.60	10.00～1000.00
MGO-Q	1560.85	8503.28	0.9999	4.20	9.20	10.00～1000.00
2,3-BD-Q	2538.29	108614.39	0.9993	2.61	8.50	10.00～1000.00
3-DG-Q	72.84	782.19	0.9999	3.20	7.20	10.00～1000.00

（5）AGEs 的分析　1g 蜂蜜与水混合至最终体积为 5mL。样品溶液通过 0.2μm 的尼龙膜过滤进一步分析。AGEs 通过 UHPLC-MS/MS 系统进行测定，该系统包括 Agilent 6495 QqQ 质谱仪和 Agilent 1290 UHPLC（Agilent，Palo Alto，CA，USA）。使用 Amide-NH_2（2.1mm × 100mm，2.1μm）色谱柱（Thermo，USA）分离化合物。分析条件根据 Hellwig 等报道的方法并进行了一些修改。梯度洗脱[0.2%甲酸水溶液（A）和 0.1%甲酸甲醇（B）]条件为：0min，95%A；15min，68%A；16min，15%A；20min，15%A；21min，95%A；25min，95%A。质谱参数为：正离子模式，干燥气温度为 250℃，流速为 7L/min；鞘气温度为 350℃，流速为 11L/min；毛细管电压为 3500V，喷嘴电压为 500V。MRM 模式的条件和详细的定量信息分别见表 3-15 和表 3-16。

表 3-15　分析 AGEs 的 MRM 参数

化合物	母离子-子离子	碰撞能/eV
CEL	219.0 → 84.2	15
	219.0 → 130.1	10
CML	205.1 → 130.1	10
	205.1 → 84.1	15
MG-H1	229.1 → 70.2	18
	229.1 → 114.0	10
吡咯素	255.0 → 148.2	20
	255.0 → 175.1	12
N- ε-果糖基赖氨酸	309.2 → 225.0	25
	309.2 → 84.1	12

表 3-16 基于 UHPLC-MS/MS 分析 AGEs 的定量信息

化合物	标准曲线			LOD /（μg/L）	LOQ /（μg/L）	线性范围 /（μg/L）
	斜率	截距	R^2			
CEL	601.54	226.18	0.9995	0.82	2.00	2.00～100.00
CML	520.81	102.88	0.9998	0.95	2.60	5.00～100.00
MG-H1	432.93	115.38	0.9993	0.38	1.68	2.00～100.00
吡咯素	751.32	−143.35	0.9995	0.24	1.50	2.00～100.00
N-ε-果糖基赖氨酸	802.14	89.22	0.9996	1.02	3.42	5.00～100.00

（6）数据处理和统计分析　MRM 数据由 Agilent MassHunter 软件进行分析。采用 SPSS 19.0（IBM，Stamford，CT，USA）进行 Duncan 方差分析和 Pearson 检验的相关性分析。

三、不同储存期的荆条蜂蜜的基础理化指标分析结果

为了评价不同储存时间荆条蜂蜜的品质，我们首先分析了蜂蜜的基本理化指标，包括水分、主要糖和蛋白质含量、游离酸度和淀粉酶值（表 3-17）。在 4 年的储存过程中，蜂蜜的水分含量从第 2 年开始显著增加，这可能是蜂蜜的吸湿性造成的。不同储存时间的荆条蜂蜜的葡萄糖和果糖含量变化显著（$p<0.05$），但总体而言，与初始值相比变化幅度较小。在储存过程中，荆条蜂蜜中的蛋白质含量相对稳定。蜂蜜中的淀粉酶活性会随贮存温度和时间的增加而降低。淀粉酶活性通常用来评估蜂蜜的新鲜度。荆条蜂蜜储存 1 年后其淀粉酶活性显著降低，从第 2 年开始变化不再显著（$p<0.05$）。蜂蜜的游离酸度与蜂蜜中的有机酸水平密切相关，其可反映蜂蜜在储存过程的变质程度。在本研究中，随着储存时间的延长，荆条蜂蜜的游离酸度值不断增加。然而，即使到第 4 年，这些蜂蜜样品中的游离酸度和淀粉酶活性值仍符合食品法典委员会的标准。因此，仅凭蜂蜜的这些基础理化指标，很难准确地评价长期储存蜂蜜的质量。

表 3-17 不同储存期的荆条蜂蜜的基础理化指标

指标	不同贮存期的荆条蜂蜜样品				
	0 年	1 年	2 年	3 年	4 年
水分/%	16.5±0.1a	16.6±0.1a	17.9±0.0b	17.8±0.1b	18.2±0.0c

续表

指标	不同贮存期的荆条蜂蜜样品				
	0 年	1 年	2 年	3 年	4 年
葡萄糖/%	29.6±0.1a	29.0±0.1b	28.6±0.1c	28.2±0.1d	28.6±0.0c
果糖/%	40.2±0.1a	39.4±0.1bc	39.3±0.2c	39.6±0.2b	39.2±0.1c
蔗糖/%	—	—	—	—	—
蛋白质/（g/100g）	0.7±0.0a	0.7±0.1a	0.6±0.0a	0.6±0.1a	0.7±0.0a
淀粉酶活性/[mL/（g·h）]	15.4±0.1a	14.1±0.0b	13.0±0.0c	12.9±0.1c	12.9±0.0c
游离酸/（meq/kg）	24.4±0.1a	26.2±0.1b	30.9±0.2c	31.7±0.1d	35.7±0.1e

四、不同储存期荆条蜂蜜的游离氨基酸的分析结果

在已有的研究报道中表明游离氨基酸可被用来确定蜂蜜的植物来源。在蜂蜜的储存期间，游离氨基酸很容易与还原糖发生反应形成美拉德反应产物。因此，蜂蜜中游离氨基酸的组成易受储存时间的影响。苯丙氨酸是荆条蜂蜜中含量最高的氨基酸，其次是脯氨酸。在 4 年的贮存过程中，脯氨酸和苯丙氨酸分别降低了 40.9%和 56.6%（详细数据见表 3-18）。荆条蜂蜜中的大多数其它氨基酸在贮存期间也有所减少。通过美拉德初期反应，这些氨基酸会形成相应的 Amadori 化合物。在本研究中，荆条蜂蜜中的游离氨基酸会随着储存时间的延长逐渐减少，且在第 2 年变化更为明显。

表 3-18　不同储存期荆条蜂蜜中游离氨基酸含量　　单位：mg/kg

氨基酸	储存时间				
	0 年	1 年	2 年	3 年	4 年
Asp	13.77±0.15a	10.90±0.30c	11.60±0.14b	11.28±0.33bc	10.94±0.22c
Glu	11.43±0.17a	9.71±0.36c	9.43±0.05c	11.38±0.23a	10.67±0.12b
Ser	8.19±0.06a	9.69±0.38b	7.87±0.19a	8.37±0.33a	8.25±0.30a
His	6.54±0.14a	3.53±0.39b	3.22±0.01b	3.37±0.36b	3.29±0.11b
Gly	3.65±0.09a	4.05±0.21a	3.64±0.03a	3.83±0.83a	3.43±0.17a
Thr	4.83±0.12a	4.20±0.11a	4.67±0.07a	4.22±0.69a	4.47±0.16a
Arg	6.80±0.13a	5.64±0.09b	5.04±0.11c	5.56±0.25b	5.42±0.07b
Ala	14.01±0.12a	12.34±0.47c	13.37±0.13b	12.29±0.25c	11.99±0.15c
Tyr	40.76±0.12a	34.91±0.32b	30.42±0.43c	34.54±0.61b	26.48±0.03d

续表

氨基酸	储存时间				
	0 年	1 年	2 年	3 年	4 年
Val	8.91 ± 0.11b	9.64 ± 0.06a	8.54 ± 0.17c	8.08 ± 0.31d	8.35 ± 0.19cd
Phe	1084.18 ± 5.97a	854.64 ± 1.82b	624.03 ± 0.52c	571.97 ± 2.32d	470.04 ± 0.28e
Ile	7.06 ± 0.16a	6.72 ± 0.01a	5.90 ± 0.48b	4.16 ± 0.22d	4.72 ± 0.20c
Leu	6.72 ± 0.03a	5.52 ± 0.04c	5.79 ± 0.17b	4.17 ± 0.17e	4.67 ± 0.01d
Lys	19.89 ± 0.01a	14.60 ± 0.20b	10.67 ± 0.46c	10.45 ± 0.29c	8.40 ± 0.44d
Pro	579.56 ± 0.46a	511.78 ± 1.48b	450.94 ± 0.38c	386.32 ± 0.43d	342.39 ± 0.24e

五、不同储存期荆条蜂蜜中 Amadori 化合物分析结果

Amadori 化合物是典型的美拉德反应初始阶段的产物。在大多数的蜂蜜体系中，Fru-Phe 和 Fru-Pro 都是最主要的 Amadori 化合物。众所周知，Amadori 化合物是重要的风味和呈色物质的前体。如图 3-17 所示，在新收获的蜂蜜中，Fru-Pro 和 Fru-Phe 的含量分别为 9.56mg/kg ± 0.42mg/kg 和 116.2mg/kg ± 2.80mg/kg。在之前的研究中，刺槐蜂蜜中的 Fru-Phe 含量低于 1.54mg/kg，明显低于荆条蜂蜜中 Fru-Phe 的含量。我们猜测荆条蜂蜜的深色可能也有 Fru-Phe 的贡献。从储存的第 2 年开始，荆条蜂蜜中的 Amadori 化合物含量大幅增加，到第 4 年时，荆条蜂蜜中的 Fru-Phe 和 Fru-Pro 含量分别达到 809.23mg/kg ± 5.94mg/kg 和 252.62mg/kg ± 1.96mg/kg（图 3-17）。除了储存时间，加热也可促进蜂蜜中 Amadori 化合物的形成。Amadori 化合物的产生和积累会促进蜂蜜中的美拉德反应，因此，两年是荆条蜂蜜消费的合理期限。

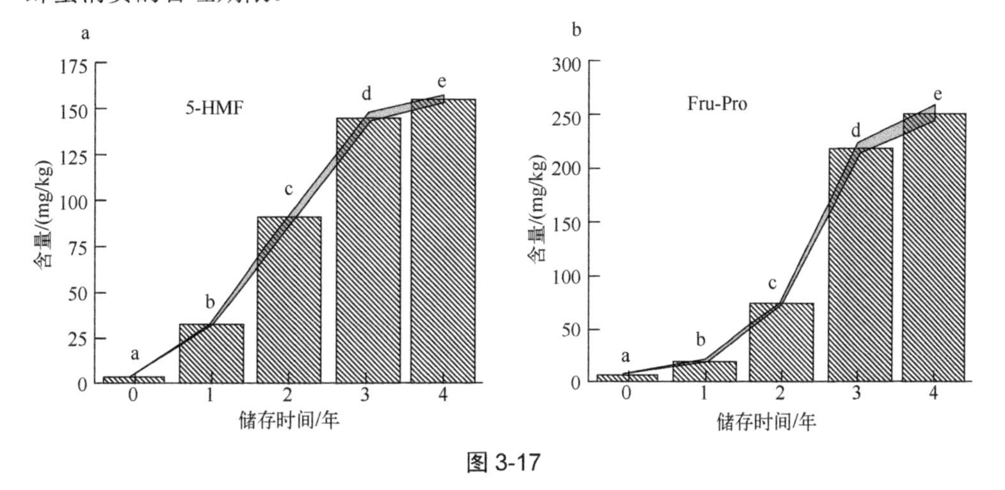

图 3-17

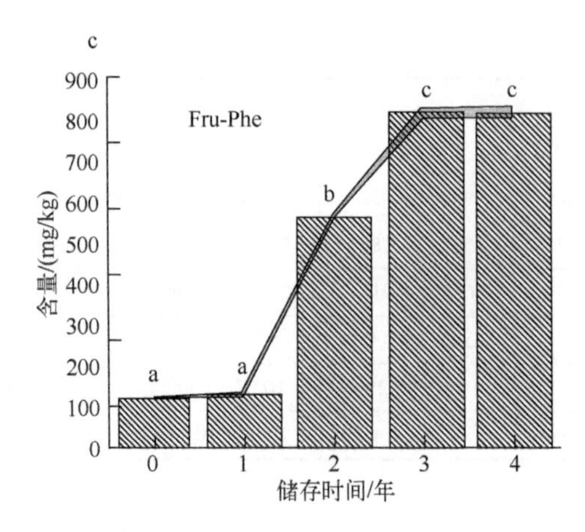

图 3-17　不同储存期荆条蜂蜜中 5-HMF 和 Amadori 化合物的含量

六、不同储存期荆条蜂蜜的α-DCs 含量分析结果

α-DCs 是典型的美拉德反应中间产物，不仅对食品的风味和颜色的形成有贡献，其中有些还具有生物活性，如 MGO。然而，近来α-DCs 对健康不利的一面也被逐渐报道。这些被分析的 α-DCs，在荆条蜂蜜中 3-DG 含量最高，GS 含量次之。储存 1 年以后，3-DG 含量从 187.03mg/kg 增加到 455.22mg/kg（如表 3-19 所示）。到第 4 年时，荆条蜂蜜中的 3-DG 含量比初始值增加了约两倍。荆条蜂蜜储存一年，MGO 含量也显著增加（$p<0.05$）。在其它富糖食品（如果汁）中，3-DG 也是主要的α-DCs，并且在储存过程会有所增加。此外，在缺氧和低水分活度条件下，3-DG 很容易积累。荆条蜂蜜中的 MGO、GO、GS 和 2,3-BD 含量都低于 3-DG。这些小分子的α-DCs 是较大分子α-DCs 的降解产物。例如，2,3-BD 和 MGO 是 3-DG 降解产生的。由于这些小分子的α-DCs 在荆条蜜中的含量较少，因此，在储存过程中上述降解反应的发生是有限的。

表 3-19　不同贮存期荆条蜜中α-DCs 含量　　单位：mg/kg

贮存时间	3-DG	GO	MGO	GS	2,3-BD
0 年	187.03±12.26a	1.01±0.12a	0.86±0.12a	49.91±2.86a	0.02±0.00a
1 年	455.22±22.28b	1.21±0.11a	1.23±0.09b	52.02±3.22a	0.02±0.00a
2 年	507.21±19.06b	1.10±0.16a	1.79±0.13c	49.14±3.51a	0.05±0.00b
3 年	569.96±21.49c	2.05±0.15c	1.75±0.15c	61.24±3.72b	0.10±0.00c
4 年	585.06±28.72c	1.65±0.20b	2.18±0.15d	58.72±4.09b	0.09±0.01c

七、不同储存期荆条蜂蜜的 5-HMF 含量分析结果

5-HMF 是蜂蜜在过度受热或长期储存过程中具有代表性的重要的美拉德反应产物。由于在新鲜的蜂蜜中不含或仅有极少的 5-HMF，因此通常将 5-HMF 的水平用作评估蜂蜜新鲜度的指标。在第 1 年内，荆条蜂蜜中的 5-HMF 含量是令人满意的（远低于规定的 40mg/kg）。从第 2 年开始，5-HMF 的含量显著增加，第 4 年达到 155.10mg/kg（图 3-17a）。5-HMF 是在低水分和酸性条件下通过 Amadori 或 Heyns 化合物裂解或 3-DG 降解形成的。Amadori 化合物和 3-DG 的积累促进了荆条蜂蜜中 5-HMF 的增加。

八、不同储存期荆条蜂蜜的 AGEs 含量分析结果

晚期糖基化终产物（AGEs）是在美拉德反应的最后阶段由蛋白质的精氨酸或赖氨酸残基糖基化产生的。已有文献报道，膳食 AGEs 对人体健康有害，例如会引起心血管疾病和糖尿病等。Hellwig 等人报道，非麦卢卡蜂蜜中含量最高的是 *N*-ε-果糖基赖氨酸（*N*-ε-fructosyllysine，43～103μg/10g），其次是 CML、吡咯素。采用 UHPLC-MS/MS 方法，我们对荆条蜂蜜样品中的 CEL、CML、吡咯素、MG-H1 和 *N*-ε-果糖基赖氨酸进行了定量分析，详细结果见表 3-20。在所有被分析的蜂蜜样品中，CEL、CML 和吡咯素的含量都可忽略不计。到储存的第 4 年，MG-H1 和 *N*-ε-果糖基赖氨酸的含量分别增加了 2 倍和 3 倍。蜜样中的赖氨酸和精氨酸易通过美拉德反应形成 AGEs，因此在储存期间含量显著降低（$p<0.05$）（见表 3-18）。与荆条蜜中的其它美拉德反应产物相比，AGEs 含量较少，因此，我们认为在蜂蜜的长期贮存中美拉德反应的高级阶段会受到抑制。

表 3-20 不同储存期荆条蜂蜜中 AGEs 含量 单位：mg/kg

储存时间	CEL	CML	吡咯素	MG-H1	*N*-ε-果糖基赖氨酸
0 年	nd	nd	nd	0.13±0.01a	0.15±0.02a
1 年	tr	nd	tr	0.26±0.01b	0.43±0.04b
2 年	tr	nd	tr	0.31±0.02b	0.45±0.03b
3 年	tr	tr	0.01	0.37±0.04c	0.58±0.03c
4 年	tr	tr	0.01	0.40±0.05c	0.60±0.03c

注：小写字母表示差异显著（$p<0.05$），nd 表示未检测到，tr 表示痕量。

九、美拉德反应产物与蜂蜜储存期的相关性分析及健康风险评估

各种美拉德反应产物在荆条蜂蜜储存期内的积累情况如图 3-18a 所示。随着储存时间的延长，Amadori 化合物、α-DCs、5-HMF、AGEs 的含量逐渐增加。其中，Amadori 化合物的增加最为明显，到第 3 年它们的含量变化逐渐稳定下来。在前 3 年的储存过程中，5-HMF 和α-DCs 持续上升，到第 4 年增加趋于平稳。在第 1 年中，α-DCs 是荆条蜂蜜中最主要的美拉德反应产物。从第 2 年开始，Amadori 化合物急剧积累，并逐渐成为荆条蜂蜜美拉德反应产物中占比最大的化合物。这可能表明，在蜂蜜的长期储存过程中，美拉德反应的进展会受到抑制。5-HMF、MGO 和 MG-H1 的含量与蜂蜜的储存时间呈极显著相关（$p<0.01$）（如图 3-18b 所示）。含有精氨酸的蛋白质可与 MGO 反应形成 MG-H1。MGO 和 MG-H1 的变化是一致的。然而，与 5-HMF 相比，MGO 和 MG-H1 在荆条蜂蜜中的含量相对较低。因此，5-HMF 更适合作为评价蜂蜜储存过程的质量指标，这与 Godoy 等人和 Shapla 等人的研究结果相似。

很多美拉德反应产物对健康都具有不利的影响，因此不同储存期蜂蜜的摄入风险需要进行评估。然而，目前关于美拉德反应产物暴露后的风险评估缺乏数据支撑，因此这里我们仅根据一些其它食物中美拉德产物含量的数据对不同储存期蜂蜜进行大致的风险评估。Martins 等人报道大鼠急性口服 5-HMF 的 LD_{50} 为 2.5mg/kg。以日摄入 100g 蜂蜜的量计算，摄入不同储存期的荆条蜂蜜的 5-HMF 的暴露量为 0.40～15.51mg/d。因此，根据这些数据，对于 5-HMF，即使是摄入 100g 储存 4 年的荆条蜂蜜也是足够安全的。早餐谷物中 Amadori 化合物的平均每日暴露量为 2.17mg，干制的水果和蔬菜中的 Amadori 化合物的总量为 1.36～3415.91mg/100g。一些谷物和花生产品中有高含量的 MG-H1（15～60mg/100g）、CEL（2～7mg/100g）和 CML（2～5mg/100g）。而在不同储存期的荆条蜂蜜中，AGEs 的含量是可忽略不计的。综上所述，根据目前所报道的各种食品中的美拉德反应产物的数据，储存 4 年的荆条蜂蜜中主要美拉德反应产物的含量是可以接受的，其潜在的风险尚不清楚。

综上所述，蜂蜜是天然的甜味剂，易发生美拉德反应。在这部分，我们针对蜂蜜中的各种美拉德反应产物开展了系列研究，主要结果总结如下。

① 基于美拉德反应产物区分自然成熟和热浓缩蜂蜜：筛选并鉴定出 3-DG 和 Fru-Phe（受热美拉德反应产物）可作为潜在的指标鉴别热浓缩蜂蜜。

② 基于美拉德反应产物鉴别糖浆掺假蜂蜜：利用 UHPLC-IM-Q-TOF 结合代谢组学技术，筛选和鉴定 3,4-DDPS 可作为潜在的指标鉴别高果糖玉米糖浆掺假

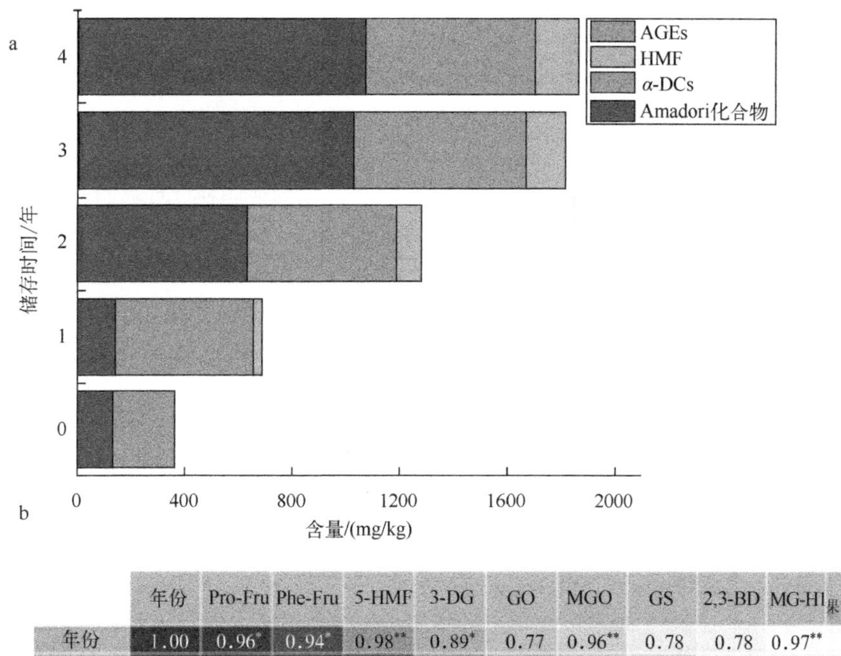

	年份	Pro-Fru	Phe-Fru	5-HMF	3-DG	GO	MGO	GS	2,3-BD	MG-H1	N-ε-果糖基赖氨酸
年份	1.00	0.96*	0.94*	0.98**	0.89*	0.77	0.96**	0.78	0.78	0.97**	0.92*
Pro-Fru	0.96*	1.00	0.94*	0.96*	0.77	0.88	0.86	0.90*	0.97**	0.88*	0.83*
Phe-Fru	0.94*	0.94*	1.00	0.99**	0.81	0.80	0.91*	0.76	0.98**	0.90*	0.84
5-HMF	0.98**	0.96*	0.99**	1.00	0.88*	0.82	0.94*	0.80	0.97**	0.95*	0.91*
3-DG	0.89*	0.77	0.81	0.88*	1.00	0.69	0.90*	0.65	0.77	0.98**	0.99**
GO	0.77	0.88	0.80	0.82	0.69	1.00	0.59	0.98**	0.90*	0.76	0.77
MGO	0.96**	0.86	0.91*	0.94*	0.90*	0.59	1.00	0.59	0.83	0.95*	0.90*
GS	0.78	0.90*	0.76	0.80	0.65	0.98**	0.59	1.00	0.88*	0.74	0.75
2,3-BD	0.78	0.97**	0.98**	0.97**	0.77	0.90*	0.83	0.88*	1.00	0.87	0.82
MG-H1	0.97**	0.88*	0.90*	0.95*	0.98**	0.76	0.95*	0.74	0.87	1.00	0.99**
N-ε-果糖基赖氨酸	0.92*	0.83	0.84	0.91*	0.99**	0.77	0.90*	0.75	0.82	0.99**	1.00

图 3-18 在荆条蜂蜜中美拉德反应产物的积累与贮存时间的关系

a—各美拉德反应产物的积累在储存期间；b—各美拉德反应产物与储存时间的相关性分析

的蜂蜜。

③ 基于美拉德反应产物评价长期储存蜂蜜的质量：5-HMF 是表征蜂蜜储存时间的合适指标。通过比较其它食物的美拉德产物的摄入量，我们认为储存四年的蜂蜜中的美拉德反应产物的量是可以接受的。

参考文献

Ajlouni S，Sujirapinyokul P，2010. Hydroxymethylfurfuraldehyde and amylase contents in Australian honey[J]. Food Chemistry，119（3）：1000-1005.

Akillioglu H G，Chatterton D E W， Lund M N，2022. Maillard reaction products and amino acid cross-links in liquid infant formula：Effects of UHT treatment and storage[J]. Food Chemistry，396：133687.

Akıllıoğlu H G，Chatterton D E W， Lund M N，2022. Maillard reaction products and amino acid cross-links in liquid infant formula：Effects of UHT treatment and storage[J]. Food Chemistry，396：133687.

Aktağ I G，Gökmen V，2021. Investigations on the formation of α-dicarbonyl compounds and 5-hydroxymethylfurfural in fruit products during storage：New insights into the role of Maillard reaction[J]. Food Chemistry，363：130280.

Aktağ I G，Gökmen V，2020. A survey of the occurrence of α-dicarbonyl compounds and 5-hydroxymethylfurfural in dried fruits，fruit juices，puree and concentrates[J]. Journal of Food Composition and Analysis，91：103523.

Al M L，Daniel D，Moise A，et al.，2009. Physico-chemical and bioactive properties of different floral origin honeys from Romania[J]. Food Chemistry，112（4）：863-867.

Andruszkiewicz P J，D'Souza，R N，Corno M，et al.，2020. Novel Amadori and Heyns compounds derived from short peptides found in dried cocoa beans[J]. Food Research International，133：109164.

Arena E，Ballistreri G，Tomaselli F，et al.，2011. Survey of 1,2-dicarbonyl compounds in commercial honey of different floral origin[J]. Journal of Food Science，76（8）：1203-1210.

Bouacha M，Besnaci S，Boudiar I，et al.，2022. Impact of storage on honey antibacterial and antioxidant activities and their correlation with polyphenolic content[J]. Tropical Journal of Natural Product Research，6（1）：34-39.

Brighina S，Restuccia C，Arena E，et al.，2020. Antibacterial activity of 1,2-dicarbonyl compounds and the influence of the in vitro assay system[J]. Food Chemistry，311：125905.

Brudzynski K，Kim L，2011. Storage-induced chemical changes in active components of honey de-regulate its antibacterial activity[J]. Food Chemistry，126（3）：1155-1163.

Bucekova M，Bugarova V，Godocikova J，et al.，2020. Demanding new honey qualitative standard based on antibacterial activity[J]. Foods，9（9）：1263.

Castro-Vazquez L，Alanon M E，Gonzalez-Vinas M A，et al.，2012. Changes in the volatile fractions and sensory properties of heather honey during storage under different temperatures[J]. European Food Research and Technology，235（2）：185-193.

Castro-Vazquez L，Diaz-Maroto A C，Gonzalez-Vinas，M A，et al.，2008. Influence of storage conditions on chemical composition and sensory proper-ties of citrus honey[J]. Journal of Agricultural and Food Chemistry，56（6）：1999-2006.

Chen M，Zhou H，Huang C，et al.，2022. Identification and cytotoxic evaluation of the novel rutin–methylglyoxal adducts with dione structures in vivo and in foods[J]. Food Chemistry，377：132008.

Chen，X M， Kitts D D，2011. Identification and quantification of α-dicarbonyl compounds produced in different sugar-amino acid Maillard reaction model systems[J]. Food Research International，44（9）：2775-2782.

da Silva Cruz L F，Lemos P V F，Santos T d S，et al.，2021. Storage conditions significantly influence the stability of stingless bee（Melipona scutellaris） honey[J]. Journal of Apicultural Research，1-12.

da Silva G C，da Silva A A S，da Silva L S N，et al.，2015. Method development by GC-ECD and HS-SPME-GC-MS for beer volatile analysis[J]. Food Chemistry，167：71-77.

da Silva P M，Gauche C，Gonzaga L V，et al.，2016. Honey：Chemical composition，stability and authenticity[J]. Food Chemistry，196：309-323.

Degen J，Hellwig M，Henle T，2012. 1,2-Dicarbonyl compounds in commonly consumed foods[J]. Journal of agricultural and food chemistry，60（28）：7071-7079.

Delgado-Andrade C，Fogliano V，2018. Dietary advanced glycosylation end-products（dages） and melanoidins formed through the maillard reaction：physiological consequences of their intake[J]. Annual review of food science and technology，9（1）：271-291.

Flanjak I，Kenjeric D，Strelec I，et al.，2022. Effect of processing and storage on sage（salvia officinalis l.） honey quality[J]. Journal of Microbiology Biotechnology and Food Sciences，11（6）：3375.

Gensberger S，Mittelmaier S，Glomb M A，et al.，2012. Identification and quantification of six major α-dicarbonyl process contaminants in high-fructose corn syrup[J]. Analytical and Bioanalytical Chemistry，403（10）：2923-2931.

Gensberger-Reigl S，Huppert J，Pischetsrieder M，2016. Quantification of reactive carbonyl compounds in icodextrin-based peritoneal dialysis fluids by combined UHPLC-DAD and-MS/MS detection[J]. Journal of Pharmaceutical and Biomedical Analysis，118，132-138.

Gobert J，Glomb M A，2009. Degradation of glucose：reinvestigation of reactive alpha-dicarbonyl compounds[J]. Journal of agricultural and food chemistry，57（18）：8591-8597.

Godoy，C A，Valderrama P，Boroski M，2022. HMF monitoring：storage condition and honey quality[J]. Food Analytical Methods，2022，15（11）：3162-3176.

Gonzalez I，Morales M A，Rojas A，2020. Polyphenols and AGEs/RAGE axis. Trends and challenges[J]. Food Research International，129.

Grainger M N C，Manley-Harris M，Lane J R，et al.，2016. Kinetics of the conversion of dihydroxyacetone to methylglyoxal in New Zealand mānuka honey：Part Ⅱ– Model systems[J]. Food Chemistry，202：492-499.

Guler A，Kocaokutgen H，Garipoglu A V，et al.，2014. Detection of adulterated honey produced by honeybee（Apis mellifera L.） colonies fed with different levels of commercial industrial sugar（C3 and C4 plants） syrups by the carbon isotope ratio analysis[J]. Food Chemistry，155：155-160.

Gürsul Aktağ I，Gökmen V，2020. Multiresponse kinetic modelling of α-dicarbonyl compounds formation in fruit juices during storage[J]. Food Chemistry，320：126620.

Hellwig M，Gensberger-Reigl S，Henle T，et al.，2018. Food-derived 1,2-dicarbonyl compounds and their role in diseases[J]. Seminars in Cancer Biology，49：1-8.

Hellwig M，Ruckriemen J，Sandner D，et al.，2017. Unique pattern of protein-bound maillard reaction products in manuka（leptospermum scoparium） honey[J]. Journal of Agricultural and Food Chemistry，65（17）：3532-3540.

Hellwig M，Rückriemen J，Sandner D，et al.，2017. Unique pattern of protein-bound maillard reaction products in manuka（leptospermum scoparium） honey[J]. Journal of Agricultural and Food Chemistry，65（17）：3532-3540.

Hidalgo F J，Lavado-Tena C M，Zamora R，2020. Conversion of 5-hydroxymethylfurfural into 6-（hydroxymethyl）pyridin-3-ol：A pathway for the formation of pyridin-3-ols in honey and model systems[J]. Journal of Agricultural and Food Chemistry，68（19）：5448-5454.

Hofmann T，Schieberle P，2000. Formation of aroma-active strecker-aldehydes by a direct oxidative degradation of amadori compounds[J]. Journal of Agricultural and Food Chemistry，48（9）：4301-4305.

Hossam A，Hany E B，Gamal M，et al.，2016. Phenolics from garcinia mangostana inhibit advanced glycation endproducts formation：effect on amadori products，cross-linked structures and protein thiols[J]. Molecules，21（2）：251.

Iglesias M T，Martín-Álvarez P J，Polo M C，et al.，2006. Changes in the free amino acid contents of honeys during storage at ambient temperature[J]. Journal of Agricultural and Food Chemistry，54（24）：9099-9104.

Islam K，Sostaric T，Lim L Y，et al.，2022. A comprehensive HPTLC-based analysis of the impacts of temperature on the chemical properties and antioxidant activity of honey[J]. Molecules，27（23）：8491.

Itakura M，Yamaguchi K，Kitazawa R，et al.，2022. Histone functions as a cell-surface receptor for AGEs[J]. Nature Communications，13（1）：2974.

Kaewtathip T，Wattana-Amorn P，Boonsupthip W，et al.，2022. Maillard reaction products-based encapsulant system formed between chitosan and corn syrup solids：Influence of solution pH on formation kinetic and antioxidant activity[J]. Food Chemistry，393：133329.

Katayama H，Tatemichi Y，Nakajima A，2017. Simultaneous quantification of twenty Amadori products in soy sauce using liquid chromatography-tandem mass spectrometry[J]. Food Chemistry，228：279-286.

Lee C H，Chen K T，Lin J A，et al.，2019. Recent advances in processing technology to reduce 5-hydroxymethylfurfural in foods[J]. Trends in Food Science & Technology，93：271-280.

Li M N，Wang H Y，Wang R，et al.，2020. A modified data filtering strategy for targeted characterization of polymers in complex matrixes using drift tube ion mobility-mass spectrometry：Application to analysis of procyanidins in the grape seed extracts[J]. Food Chemistry，321：126693.

Liu W T，Wang Y T，Xu D C，et al.，2023. Investigation on the contents of heat-induced hazards in commercial nuts[J]. Food Research International，163.

Lund M N， Ray C A，2017. Control of maillard reactions in foods：strategies and chemical mechanisms[J]. Journal of Agricultural and Food Chemistry，65（23）：4537-4552.

Maasen K，Eussen S J P M，Scheijen J L J M，et al.，2022. Higher habitual intake of dietary dicarbonyls is associated with higher corresponding plasma dicarbonyl concentrations and skin autofluorescence：the maastricht study[J]. American Journal of Clinical Nutrition，115（1）：34-44.

Maasen K，Scheijen J L J M，Opperhuizen A，et al.，2021. Quantification of dicarbonyl compounds in commonly consumed foods and drinks；presentation of a food composition database for dicarbonyls[J]. Food Chemistry，339：128063.

Majtan J，Bucekova M，Kafantaris I，et al.，2021. Honey antibacterial activity：A neglected aspect of honey quality assurance as functional food[J]. Trends in Food Science & Technology，118：870-886.

Manickavasagam G，Saaid M，Osman R，2022. The trend in established analytical techniques in the investigation of physicochemical properties and various constituents of honey：a review[J]. Food Analytical Methods，15（11）：3116-3152.

Marceau E，Yaylayan V A，2009. Profiling of α-dicarbonyl content of commercial honeys from different botanical origins：identification of 3,4-dideoxyglucoson-3-ene（3,4-DGE） and related compounds[J]. Journal of Agricultural and Food Chemistry，57（22）：10837-10844.

Martinez R A，Schvezov N，Brumovsky L A，et al.，2018. Influence of temperature and packaging type on quality parameters and antimicrobial properties during Yatei honey storage[J]. Food Science and Technology，38：196-202.

Martins F C O L，Alcantara G M R N，Silva A F S，et al.，2022. The role of 5-hydroxymethylfurfural in food and recent advances in analytical methods[J]. Food Chemistry，395：133539.

May J C，Morris C B，McLean J A，2017. Ion mobility collision cross Section Compendium[J]. Analytical Chemistry，89（2）：1032-1044.

Mesías M，Sáez-Escudero L，Morales，F J，et al.，2019. Occurrence of furosine and hydroxymethylfurfural in breakfast cereals. evolution of the spanish market from 2006 to 2018[J]. Foods，8.

Missio da Silva P，Gonzaga L V，Biluca F C，et al.，2020. Stability of Brazilian Apis mellifera L. honey during prolonged storage：Physicochemical parameters and bioactive compounds[J]. LWT-Food Sciece & Technology，129：109521.

Mittelmaier S，Fünfrocken M，Fenn D，et al，2010. Identification and quantification of the glucose degradation product glucosone in peritoneal dialysis fluids by HPLC/DAD/MSMS[J]. Journal of Chromatography B，878（11）：877-882.

Moreira R F A，De Maria C A B，Pietroluongo M，et al.，2010. Chemical changes in the volatile fractions of Brazilian honeys during storage under tropical conditions[J]. Food Chemistry，121（3）：697-704.

Navarro M，Atzenbeck L，Pischetsrieder M，et al.，2016. Investigations on the reaction of C3 and C6 α-dicarbonyl compounds with hydroxytyrosol and related compounds under competitive conditions[J]. Journal of Agricultural and Food Chemistry，64（32）：6327-6332.

Navarro M，Morales F J，2017. Effect of hydroxytyrosol and olive leaf extract on 1,2-dicarbonyl compounds，hydroxymethylfurfural and advanced glycation endproducts in a biscuit model[J]. Food Chemistry，217：602-609.

Osman K，Al-Doghairi M，Al-Rehiayani S，et al.，2007. Mineral contents and physicochemical properties of natural honey produced in Al-Qassim region，Saudi Arabia[J]. Journal of Food，Agriculture and Environment，5：142-146.

Papetti A，Mascherpa D，Gazzani G，2014. Free α-dicarbonyl compounds in coffee，barley coffee and soy sauce and effects of in vitro digestion[J]. Food Chemistry，164：259-265.

Pasias I N，Raptopoulou，K G，Makrigennis G，et al.，2022. Finding the optimum treatment procedure to delay honey crystallization without reducing its quality[J]. Food Chemistry，381.

Qiu Y T，Lin X R，Chen Z Z，et al.，2022. 5-Hydroxymethylfurfural exerts negative effects on gastric mucosal epithelial cells by inducing oxidative stress，apoptosis，and tight junction disruption[J]. Journal of Agricultural and Food Chemistry，70（12）：3852-3861.

Raweh H S A，Badjah-Hadj-Ahmed A Y，Iqbal J，et al.，2022. Impact of different storage regimes on the levels of physicochemical characteristics，especially free acidity in talh（acacia gerrardii benth.） honey[J]. Molecules，27（18）：5959.

Samborska K，Wiktor A，Jedlińska A，et al，2019. Development and characterization of physical properties of honey-rich powder[J]. Food and Bioproducts Processing，115：78-86.

Schwietzke U，Malinowski J，Zerge K，et al.，2011. Quantification of Amadori products in cheese[J]. European Food Research and Technology，233（2）：243-251.

Shakoor A，Zhang C P，Xie J C，et al.，2022. Maillard reaction chemistry in formation of critical intermediates and flavour compounds and their antioxidant properties[J]. Food Chemistry，393.

Shapla U M，Solayman M，Alam N，et al.，2018. 5-Hydroxymethylfurfural（HMF） levels in honey and other food products：effects on bees and human health[J]. Chemistry Central Journal，12.

Sillner N，Walker A，Hemmler D，et al.，2019. Milk-derived amadori products in feces of formula-fed infants[J]. Journal of Agricultural and Food Chemistry，67（28）：8061-8069.

Song M J，Wang K，Lu H X，et al.，2021. Composition and distribution of alpha-dicarbonyl compounds in propolis from different plant origins and extraction processing[J]. Journal of Food Composition and Analysis，104.

Sun J，Zhao H，Wu F，et al.，2021. Molecular mechanism of mature honey formation by GC-MS-and LC-MS-based metabolomics[J]. Journal of Agricultural and Food Chemistry，69（11）：3362-3370.

Troise A D，Wiltafsky M，Fogliano V，et al.，2018. The quantification of free Amadori compounds and amino acids allows to model the bound Maillard reaction products formation in soybean products[J]. Food Chemistry，247：29-38.

Wang L，Ning F，Liu T，et al.，2021. Physicochemical properties，chemical composition，and antioxidant activity of Dendropanax dentiger honey[J]. LWT-Food Science and Technology，147：111693.

Wang Y，Dong X，Han M，et al.，2022. Antibiotic residues in honey in the Chinese market and human health risk assessment[J]. Journal of Hazardous Materials，440：129815.

Wang Z，Zu T，Huang X，et al.，2023. Comprehensive investigation of the content and the origin of matrine-type alkaloids in Chinese honeys[J]. Food Chemistry，402：134254.

Xia X，Zhai Y，Cui H，et al.，2022. Structural diversity and concentration dependence of pyrazine formation：Exogenous amino substrates and reaction parameters during thermal processing of l-alanyl-l-glutamine Amadori compound[J]. Food Chemistry，390：133144.

Xing H，Mossine V V，Yaylayan V，2020. Diagnostic MS/MS fragmentation patterns for the discrimination between Schiff bases and their Amadori or Heyns rearrangement products[J]. Carbohydrate Research，491：107985.

Yan S，Sun M H，Zhao L L，et al.，2019. Comparison of differences of alpha-dicarbonyl compounds between naturally matured and artificially heated acacia honey：their application to determine honey quality[J]. Journal of Agricultural and Food Chemistry，67（46）：12885-12894.

Yan S，Wang X，Wu Y C，et al.，2022. A metabolomics approach revealed an Amadori compound distinguishes artificially heated and naturally matured acacia honey[J]. Food Chemistry，385.

Yan S，Wu L，Xue X，2023. α-Dicarbonyl compounds in food products：Comprehensively understanding their occurrence，analysis，and control[J]. Comprehensive Reviews in Food Science and Food Safety，22（2）：1387-1417.

Yang C，Zhang S Q，Shi R D D，et al.，2020. LC-MS/MS for simultaneous detection and quantification of Amadori compounds in tomato products and dry foods and factors affecting the formation and antioxidant activities[J]. Journal of Food Science，85（4）：1007-1017.

Yang J，Deng S，Yin J，et al.，2018. Preparation of 1-amino-1-deoxyfructose derivatives by stepwise increase of temperature in aqueous medium and their flavor formation compared with maillard reaction products[J]. Food and Bioprocess Technology，11（3）：694-704.

Yaylayan V A，Keyhani A，1999. Origin of 2,3-pentanedione and 2,3-butanedione in d-glucose/l-alanine maillard model systems[J]. Journal of Agricultural and Food Chemistry，47（8）：3280-3284.

Yu J，Shan Y，Li S，et al.，2020. Potential contribution of Amadori compounds to antioxidant and angiotensin I converting enzyme inhibitory activities of raw and black garlic[J]. LWT-Food Science and Technology，129：109553.

Yu J，Zhang S，Zhang L，2016. Amadori compounds as potent inhibitors of angiotensin-converting enzyme（ACE）and their effects on anti-ACE activity of bell peppers[J]. Journal of Functional Foods，27：622-630.

Yu J，Zhang S，Zhang L，2017. Evaluation of the extent of initial Maillard reaction during cooking some vegetables by direct measurement of the Amadori compounds[J]. Journal of the Science of Food & Agriculture，98（1）：190-197.

Yu X，Cui H，Hayat K，et al.，2019. Effective mechanism of（－）-epigallocatechin gallate indicating the critical formation conditions of amadori compound during an aqueous maillard reaction[J]. Journal of Agricultural & Food Chemistry，67（12）：3412-3422.

Yuan H，Sun L，Chen M，et al.，2017. The simultaneous analysis of amadori and heyns compounds in dried fruits by high performance liquid chromatography tandem mass spectrometry[J]. Food Analytical Methods，10（4）：1097-1105.

Zhang X M，Ho C T，Cui H P，et al.，2022. Temperature-dependent catalysis of glycylglycine on its amadori compound degradation to deoxyosone[J]. Journal of agricultural and food chemistry，70（27）：8409-8416.

Zhang Y，Dong L，Zhang J H，et al.，2021. Adverse effects of thermal food processing on the structural，nutritional，and biological properties of proteins[J]. Annual Review of Food Science and Technology，12：259-286.

Zheng J，Guo H Y，Ou J Y，et al.，2021. Benefits，deleterious effects and mitigation of methylglyoxal in foods：A critical review[J]. Trends in Food Science & Technology，107：201-212.

Zhou R，Yu J，Li S，et al.，2020. Vacuum dehydration：An excellent method to promote the formation of amadori compounds [ACs，N-(1-deoxy-d-fructos-1-yl)-amino acid] in aqueous models and tomato sauce[J]. Journal of Agricultural and Food Chemistry，68（49）：14584-14593.

Zhou Z，Tu J，Xiong X，et al.，2017. LipidCCS：prediction of collision cross-section values for lipids with high precision to support ion mobility-mass spectrometry-based lipidomics[J]. Analytical Chemistry，89（17）：9559-9566.

Zhou Z，Tu J，Zhu Z J，2018. Advancing the large-scale CCS database for metabolomics and lipidomics at the machine-learning era[J]. Current Opinion in Chemical Biology，42：34-41.

第四章
基于特征物质对稀有单花蜜质量控制的研究

蜂蜜具有独特的风味和健康益处，是最受欢迎的天然食品之一。近年来，单花蜂蜜因其特定的感官特征和声称的活性功能和治疗特性而受到广泛关注，成为高价值产品。我国地大物博，蜜源植物极其丰富，一些稀有的单花蜂蜜产品逐渐被开发出来。

（一）单花蜂蜜的颜色

蜂蜜的颜色等物理特性取决于它的地理源和植物源，消费者对这些属性有不同偏好。蜂蜜的颜色也是评价蜂蜜质量的重要指标。

蜂蜜呈现出较为丰富的颜色，从刺槐蜂蜜和油菜蜂蜜近乎透明的淡黄色到枣花蜂蜜的棕色，再到荞麦蜂蜜和麦卢卡蜂蜜的深棕色。浅色是一种能令人愉悦的感官品质，因此浅色蜂蜜在传统上一直受到消费者的青睐。然而，深颜色的蜂蜜富含生物活性成分，同时这些物质也起到呈色的作用，越来越为注重健康的消费者所青睐。这些具有生物活性的色素类物质包括类胡萝卜素、花青素、矿物质、酚类化合物和美拉德反应产物。例如，深色的麦卢卡蜂蜜以其丰富的甲基乙二醛为特征。因此，色素物质也可以作为蜂蜜品种鉴定的标记物。

（二）单花蜂蜜的风味

风味是单花蜂蜜最重要的品质之一，植物来源是单花蜂蜜这一特征的重要影响因素。单花蜂蜜的香气前体来源于花的挥发性成分，在花蜜转化为蜂蜜的过程中逐渐形成蜂蜜独特的风味。因此，花的来源在区分不同类型的单花蜂蜜中起着主要作用。

由于有些单花蜂蜜的挥发性有机化合物的特征物同植物源特征是一致的，因此这些物质也可用于质量控制。关于一些知名的单花蜂蜜的挥发性特征化合物已有很多报道。例如，苯乙醇、苯乙酮和 2-氨基苯乙酮是栗子蜂蜜的显著特征指标，而柑橘蜂蜜的特征挥发性化合物包括丁香醛异构体、邻氨基苯甲酸甲酯、橙花醇等。石楠花蜂蜜的挥发性成分中，乙醛、苯乙醛和顺式芳樟醇含量最高。挥发性成分也是高价值无刺蜂蜂蜜质量的重要评判依据。

（三）单花蜂蜜的活性成分

由于其独特的活性成分和声称的健康益处，单花蜂蜜备受追捧。植物的药用成分可以传递到相应的蜂蜜中，使其具有功能活性，如已被报道的麦卢卡蜂蜜、桉树蜂蜜、藿香蜂蜜和枇杷蜂蜜等。关于蜂蜜中对健康有益的功能活性成分的功能研究也有报道，如刺槐蜂蜜中的金合欢素具有抗疟原虫、抗氧化和抗炎的作用，麦卢卡蜂蜜中的甲基乙二醛具有抗菌作用。单花蜂蜜中的这些活性成分也是提升其价值的重要方面。

（四）两种稀有单花蜂蜜简介

米团花是一种罕见的灌木，高度可达15米（图4-1a，b），主要分布在喜马拉雅温带地区和中国的云南省。米团花是一种药用植物，含有大量的生物活性物质，包括萜类和多糖，这些物质已从它的花、腺毛状体和叶子中鉴定到。米团花可产生独特的深棕色花蜜，是唇形科植物中所独有的。蜜蜂采集这种花蜜所酿造成的蜂蜜也呈现深棕色，故而米团花蜂蜜也被称为“黑蜜”（图4-1c，d，e，f）。

图4-1 米团花与米团花蜂蜜

a，b—米团花；c—蜜蜂访米团花；d—蜂巢与米团花蜂蜜；

e—米团花花粉扫描电镜图；f—米团花蜂蜜中花粉扫描电镜图

草果是一种多年生食用草本植物，属于姜科，该科包括许多重要的香料植物（如图4-2a所示）。草果主要分布在中国西南、越南北部等亚洲地区。草果果实具有辛辣味，这种香料闻名于世且使用历史悠久。除此以外，由于具有调节脾胃和治疗疟疾的作用，它也是一种传统的中药。基于人们对这种具有药用价值香料植物的兴趣，研究者已从草果中鉴定出了一些化学物质，如类固醇、黄酮类化合物等。草果还能产稀有的草果蜜，每年的流蜜期为4至6月，草果蜂蜜见图4-2b。

因草果蜂蜜的植物来源为具有药用特性的传统香料，其在市场上备受欢迎。此外，由于草果的高商业价值，过度的采摘使其成为被保护的“濒危”物种。稀有的草果蜂蜜很易被掺入廉价的蜂蜜，然而，目前关于草果蜂蜜的特有化学组成尚不清楚。

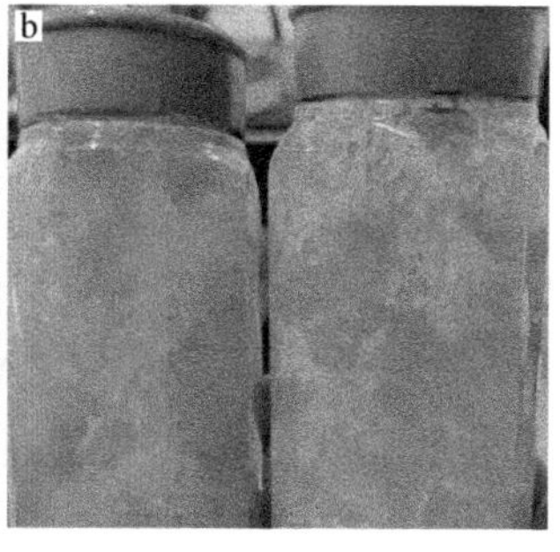

图 4-2 草果植物和草果蜂蜜

a—草果植物；b—草果蜂蜜

本部分，以稀有的米团花蜂蜜和草果蜂蜜为研究对象，介绍我们开发稀有特色蜂蜜的思路和方法，为单花蜂蜜质量控制提供一定的科学基础和参考依据。

第一节 米团花蜂蜜化学特征分析及对其质量控制的应用

一、米团花蜂蜜呈色物质分离鉴定

（一）样品收集

米团花蜂蜜（LCH）样品采集于中国云南省沧源佤族自治县的 6 个独立的蜂群，采集时间是米团花的花期时（2021 年 1 月至 3 月）。米团花花蜜（LCN）样品是从养蜂场附近的米团花中收集的。LCH 和 LCN 样品保存在−20℃的黑暗环境中。刺槐蜂蜜、椴树蜂蜜、枣花蜂蜜、荆条蜂蜜、荞麦蜂蜜和麦卢卡蜂蜜样品均来自当地的市场。LCH 的孢粉学检查和常规理化指标的测定同第三章第一节。

（二）主要试验方法

（1）LCH 呈色物质的筛选方法 将 1g LCH 与 5mL 去离子水涡旋 5min 进行混合，用 0.22μm 聚偏二氟乙烯（PVDF）膜过滤得到的溶液以备进一步分析。使用安捷伦 1290 Infinity UHPLC 系统，每个样品 10μL 注入 AQ-C18 色谱柱（2μm，2.1mm × 50mm）（HALO，USA）。流动相为 A 溶液（0.1%甲酸水溶液）和 B 溶液（甲醇），梯度洗脱程序为 2% B（0～1min），然后从 2%～98% B 线性增加（1～6min），保持 98%B（6～10min），最后线性减少从 98%～2% B（10～11min），后运行时间为 4min，流速为 0.3mL/min，在 370nm 处进行检测。

（2）呈色物质的纯化和制备方法　为了从 LCH 中分离和纯化色素化合物，实施了以下一系列操作。将 6kg 的 LCH 样品溶解在 18 L 的去离子水中，并用棉絮过滤以除去固体颗粒物。滤液通过一个开放的大孔树脂柱（*Φ*200mm × 1200mm × 10mm），其中含有 25 L 膨胀的 SEPABEADS SP825。然后用 15 L 的去离子水清洗色谱柱，以除去蜂蜜中的糖和其它极性化合物。接下来，在色谱柱中加入以下溶剂各 10L：9∶1、8∶2、7∶3、6∶4、5∶5、4∶6、3∶7、2∶8、1∶9 的水/甲醇和纯甲醇。收集每种洗脱液，水/甲醇比例为 6∶4 和 5∶5 的洗脱馏分为深棕色，与 LCH 样品的颜色一致，并用制备液相对这些组分进行进一步纯化。

选用 Peptide BEH C18 制备柱（5μm，10mm × 250mm）（Waters，USA）。流动相为溶剂 A（0.2%甲酸水溶液）和溶剂 B（甲醇）。梯度洗脱：0min，10% B；2min，10% B；11min，45% B；16min，50% B；20min，80% B；23min，90% B；24min，10% B，平衡时间为 5min。检测波长为 370nm。进样量为 0.4mL，流速为 4mL/min，柱温为 45℃。所需要的化合物被多次分离和洗脱，直到纯化为单一物质。纯化的物质被冷冻干燥并储存在−20℃，直到进一步分析。

（3）呈色物质的鉴定方法　使用 Agilent 6560 ESI-Q-TOF（Agilent Technologies，USA）获取质谱数据。优化后的质谱参数为毛细管电压 3000V，喷嘴电压 1500 V，正离子模式，碎裂电压 380 V。干燥气体温度为 300℃，干燥气体流速为 13L/min，雾化气压力为 45psi。鞘气温度为 350℃，流量为 12L/min。氮气被用作碰撞气体。质谱在 *m*/*z* 50～1100 范围内采集。参比离子（*m*/*z* 121.050873 和 *m*/*z* 922.009798）在运行期间保持质量精度。

核磁共振质谱的条件。布鲁克 NMR（Bruker，Rheinstetten，Germany）在 400 MHz 获得 ^{1}H 光谱和在 100 MHz 下获得 ^{13}C 光谱。

（4）LCH 样品中氨基酸的测定　为了探究 LCH 样品中色素物质的形成，进行了色素物质相对应的氨基酸分析。四种氨基酸标品混合，用外标法进行测定。采用 1290 系列的安捷伦超高效液相色谱进行分析，ACQUITY UPLC HSS T3 色谱柱（2.1mm × 100mm，1.7μm），以 20mmol 甲酸铵（pH＝3）水溶液（A）和 20mmol 甲酸铵（pH＝3） 90%乙腈（体积比）（B）为流动相进行色谱分离。进样量为 1μL，柱温为 30℃，流速为 0.3mL/min。梯度洗脱：0min，100% B；11.5min，70% B；

12min，100% B，后运行时间 4min。安捷伦 6495 Triple Quad 质谱在正模式下工作。优化的质谱条件为毛细电压为 3000 V，碎裂电压为 380 V。干燥气体温度和流速分别为 230 °C 和 18mL/min，雾化气压力为 45psi。鞘气温度为 360 °C，流速为 12L/min。采用多反应监测（MRM）模式。

（5）LCH 样品中色素物质的定量方法　为了提高检测的灵敏度和稳定性，我们采用固相萃取（SPE）方法改进了 LCH 样品的预处理方法。简单讲，将 5g LCH 样品溶解在 5mL 去离子水中，通过 SPE（Agilent PPL SPE 柱，500mg/6mL，美国）纯化目标化合物。SPE 过程与之前 Rückriemen 等人报道的方法相似，改变之处是用 8mL 0.2%甲酸甲醇（体积比）洗脱分析物。呈色物质用安捷伦 1290 系列 UHPLC 系统进行定量。5μL LCH 样品注入 ZORBAX RRHD Eclipse Plus C18 色谱柱（3.0mm × 100mm，2.1μm）（Agilent，USA），保持 45 °C。流动相为 0.1%甲酸水溶液（体积比）（A）和乙腈（B）。分离条件为：0～1min，5% B；14min，32% B；15min，95% B；16min，5% B，后运行时间 4min，在 370nm 处进行检测。

（三）米团花蜂蜜的孢粉学鉴定和理化指标测定结果

之前关于 LCH 的报道极其有限。在本次研究中，我们首先分析了 LCH 的基本理化指标，结果如表 4-1 所示。

表 4-1　LCH 的主要理化指标

指标	LCH（n=3）
水分含量/%	18.9 ± 0.5
果糖含量/%	33.73 ± 1.62
葡萄糖含量/%	32.33 ± 1.28
蔗糖含量/%	nd
麦芽糖含量/%	1.43 ± 0.16
蛋白含量/（g/100g）	0.71 ± 0.06
5-HMF/（mg/kg）	2.16 ± 0.2
游离酸度/（meq/kg）	19.2 ± 0.3
淀粉酶值/U	16.21 ± 1.28
pH	6.9 ± 0.5

注：“nd” 表示未检出。

含水量是蜂蜜品质的关键参数。根据欧盟的蜂蜜质量标准，水分含量必须低于20%，LCH样品的平均含水量为18.9%，符合标准。糖是蜂蜜的主要化学成分，LCH的果糖和葡萄糖的总含量为66.06g/100g±2.90g/100g，未检出蔗糖。根据中国国家食品安全标准和欧盟质量法规，检测出的糖含量符合要求。结晶性是蜂蜜的一个重要特性，主要取决于果糖/葡萄糖（F/G）的比例。当它们的比例<1.11时，蜂蜜结晶迅速。LCH样品的F/G比为1.04，结晶速度快。蜂蜜蛋白质，包括各种酶，主要来源于花粉和蜜蜂的分泌物。LCH蛋白含量为0.71g/100g±0.06g/100g，在可接受范围内。5-HMF是一种广泛用于蜂蜜过热或长期储存的指标，根据欧盟规定，蜂蜜中5-HMF的含量在40mg/kg以下，所以LCH中5-HMF的含量在可接受范围内。游离酸度是表征蜂蜜变质的重要指标。根据国际食品法典委员会的规定，允许蜂蜜中的游离酸度低于50.00meq/kg，对于LCH，测定的游离酸为19.2meq/kg，因此是可以接受的。与5-HMF类似，淀粉酶活性是可以表征过热和长期储存的一个指标，然而由于蜂蜜的地理和植物来源不同，蜂蜜的淀粉酶活性差异很大。LCH的淀粉酶活性为16.21U±1.28U，超过了规定的最低值8.00U。为了确保LCH样本来自米团花，将LCH的花粉与米团花的花粉进行了比较。如图4-1e，f所示，米团花的花粉与LCH样品的花粉相同。它们均为扁球形，有三个萌发孔。

（四）米团花蜂蜜中呈色物质的分离纯化结果

颜色是与蜂蜜的植物来源有关的一个重要指标，大多数蜂蜜是无色到深棕色的，来自米团花的蜂蜜是深棕色，而形成其深棕色的色素物质尚未被鉴定。为了鉴定这种色素物质，我们首先对LCH样品分离纯化并用UHPLC-DAD分析。LCH的色素化合物在370nm处表现出较强的吸收。采用PHPLC分离得到在370nm处有强吸收的组分。所得馏分呈明显的深棕色，与LCH的颜色相似，有三个强吸收峰（图4-3A），吸收最大值接近370nm（图4-3B，C，D）。这些物质被认为是LCH呈深褐色的原因。

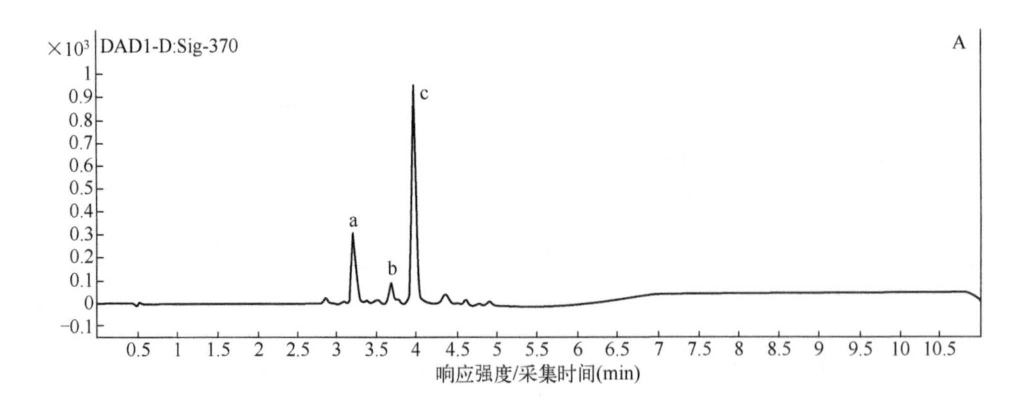

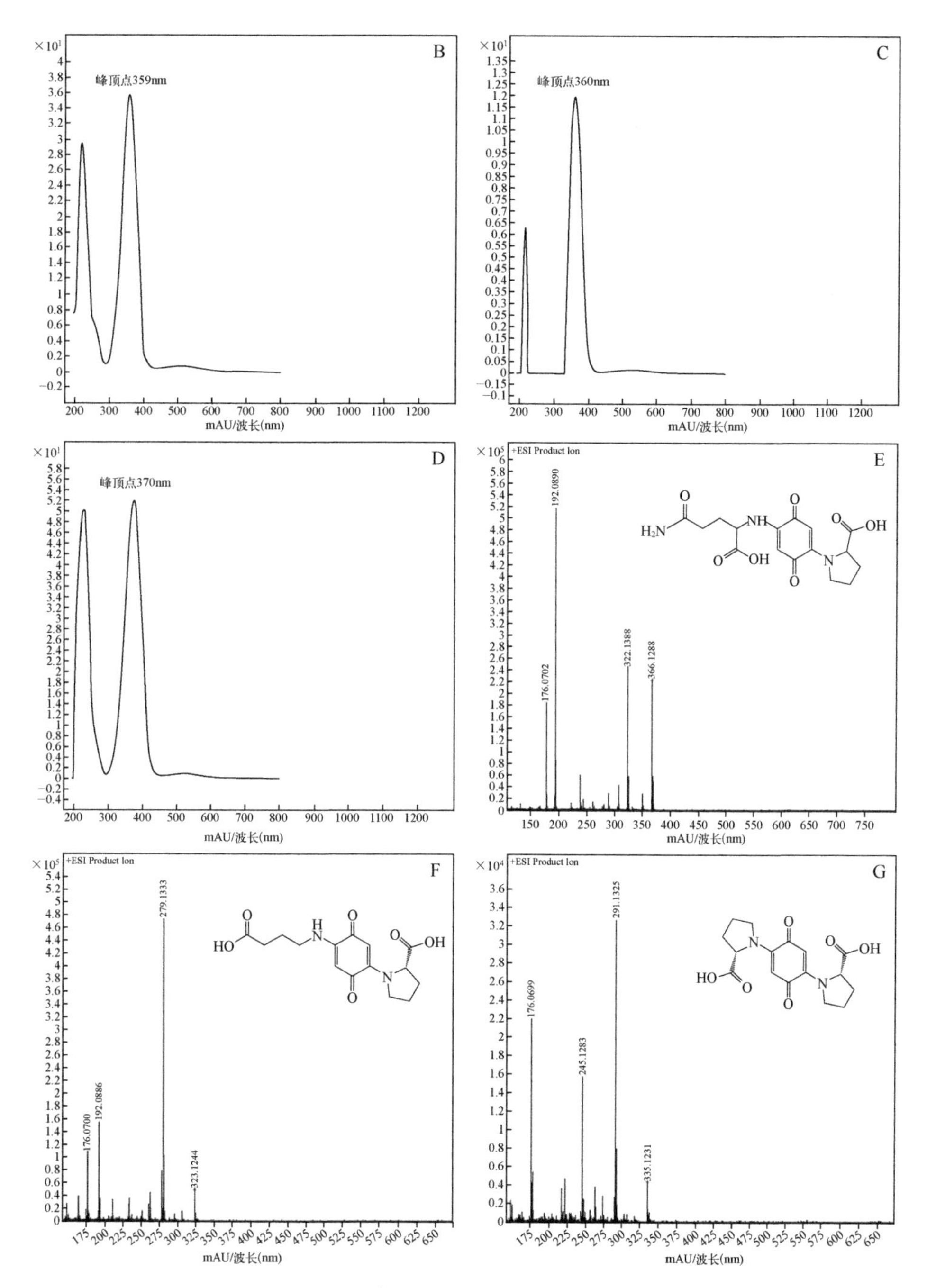

图 4-3　米团花蜂蜜色素物质色谱图

A—LCH 在 370nm 处的色谱图；B—化合物 a 的紫外光谱；C—化合物 b 的紫外光谱；D—化合物 c 的紫外光谱；E—化合物 a 的二级质谱图；F—化合物 b 的二级质谱图；G—化合物 c 的二级质谱图

（五）呈色物质的鉴定结果

制备完成后，获得了约 10mg 的化合物 a、8mg 的化合物 b、16mg 的化合物 c。通过 HPLC 分析，这三种化合物的纯度均大于 95%。这些色素物质的数量和纯度均满足核磁共振质谱结构分析的要求。进行高分辨质谱分析以准确测定这些呈色物质的分子量及离子碎片。采用超高效液相-四极杆飞行时间质谱（UHPLC-Q-TOF MS），获得了化合物 a、b 和 c 的母离子分别为 *m/z* 366.1288、*m/z* 323.1244 和 *m/z* 335.1231。通过分子特征提取，利用 Mass Hunter Workstation 软件可快速生成这些化合物的可能的分子式，且它们的质谱如图 4-3 E，F，G 所示。化合物 a 检测到的代表性子离子为 *m/z* 322.1388（预测为 $C_{15}H_{20}N_3O_5$，*m/z* 322.1397，偏差为 2.8×10^{-6}），*m/z* 192.0890（预测为 $C_{10}H_{12}N_2O_2$，*m/z* 192.0890，偏差为 0），*m/z* 176.0702（预测为 $C_{10}H_{10}NO_2$，176.0702，偏差为 0）。这些子离子的预测结构见图 4-4。化合物 b 的子离子为 *m/z* 279.1333（预测为 $C_{14}H_{19}N_2O_4$，*m/z* 279.1338，偏差为 1.8×10^{-6}），*m/z* 176.0700（预测为 $C_{10}H_{10}NO_2$，*m/z* 176.0705，偏差为 2.8×10^{-6}）和 *m/z* 192.0886（预测为 $C_{10}H_{12}N_2O_2$，*m/z* 192.0892，偏差为 3.1×10^{-6}）（图 4-5）。化合物 c 的代表性产物离子为 *m/z* 291.1325（预测值为 $C_{15}H_{19}N_2O_4$，*m/z* 291.1342，偏差 5.8×10^{-6}）、*m/z* 176.0699（预测值为 $C_{10}H_{10}NO_2$，*m/z* 176.0710，偏差 6.2×10^{-6}）、*m/z* 245.1283（预测值为 $C_{14}H_{17}N_2O_2$，*m/z* 245.1285，偏差 0.8×10^{-6}）（图 4-6）。根据分子结构预测软件的结果，化合物 a、b、c 分别预测为 $C_{16}H_{19}N_3O_7$、$C_{15}H_{18}N_2O_6$ 和 $C_{16}H_{18}N_2O_6$。

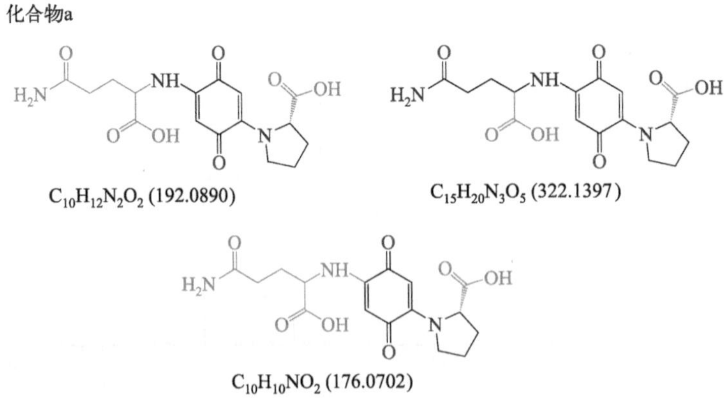

化合物a

$C_{10}H_{12}N_2O_2$ (192.0890)　　$C_{15}H_{20}N_3O_5$ (322.1397)

$C_{10}H_{10}NO_2$ (176.0702)

图 4-4　化合物 a 子离子结构预测

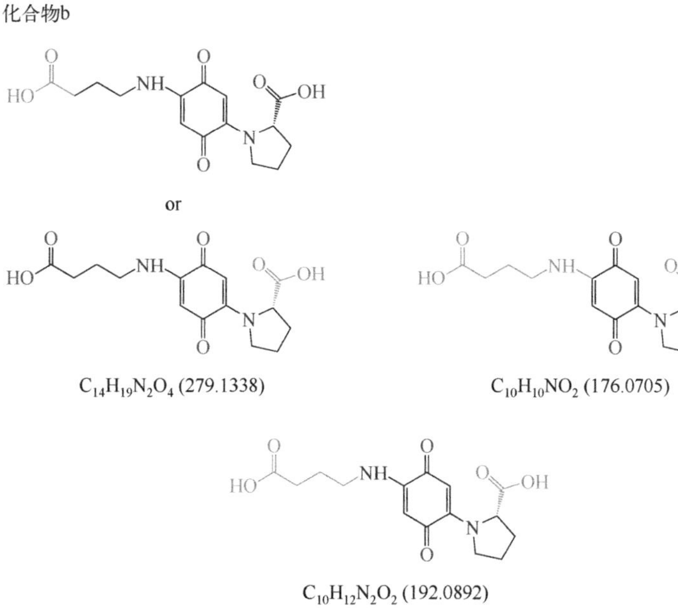

化合物b
or
$C_{14}H_{19}N_2O_4$ (279.1338)
$C_{10}H_{10}NO_2$ (176.0705)
$C_{10}H_{12}N_2O_2$ (192.0892)

图 4-5　化合物 b 子离子结构预测

化合物c
$C_{15}H_{19}N_2O_4$ (291.1342)
$C_{10}H_{10}NO_2$ (176.0710)
$C_{14}H_{17}N_2O_2$ (245.1285)

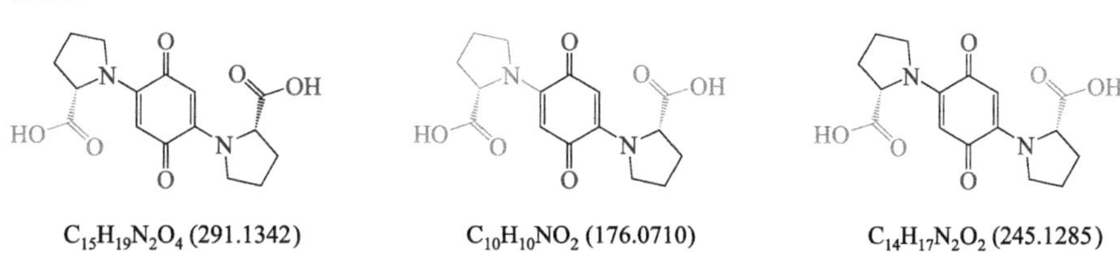

图 4-6　化合物 c 子离子结构预测

为了进一步证实高分辨质谱结果，对纯化的色素化合物进行了核磁共振质谱分析（详细的识别信息见表 4-2）。与α-氨基相比，酰胺氮是弱亲核试剂。谷氨酰胺的α-氨基氮更易与对苯醌反应。根据核磁共振结果，化合物 a 为 1-[4-(3-氨基甲酰-羧基-丙胺)-3,6-二氧基-环己基-1,4-二烯基]-吡咯烷-2-羧酸（GPBQ）。化合物 b 和化合物 c 分别被确定为 1-[4-(3-羧基-丙氨基)-3,6-二氧基-环己基-1,4-二烯基]-吡咯烷-2-羧酸（GAPBQ）和 2,5-二-(*N*-脯氨酸)-对苯醌（DPBQ）。

表 4-2 呈色物质的核磁结果

化合物	序号	^{1}H-NMR，^{13}C-NMR 描述		结构
		δ_H（mult.，J in Hz）	δ_C	
a	1	—	181.18	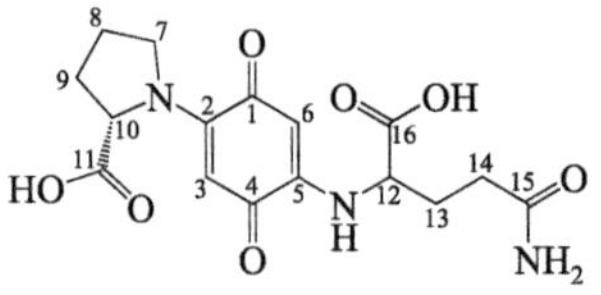
	2	—	152.05	
	3	5.27（s，1H）	99.72	
	4	—	180.23	
	5	—	137.47	
	6	5.48（s，1H）	96.43	
	7	2.34～2.28（m，2H）	52.95	
	8	2.01～1.91（m，2H）	25.09	
	9	2.34～2.28（m，1H） 2.01～1.91（m，1H）	30.33	
	10	4.10（t，J=12.4，J=6.8，1H）	64.91	
	11	—	177.49	
	12	3.58（t，J=12.4，J=6.8，1H）	56.15	
	13	2.27～2.08（m，2H）	28.23	
	14	2.27～2.08（m，2H）	32.10	
	15	—	169.23	
	16	—	174.21	
b	1	—	182.13	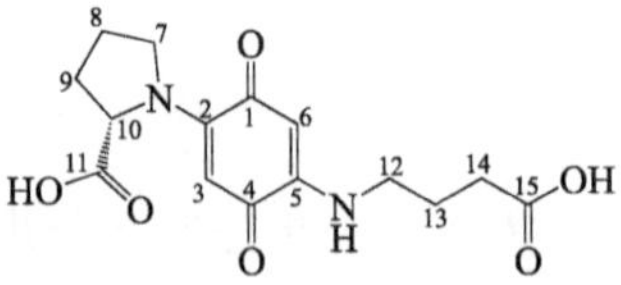
	2	—	152.59	
	3	5.45（s，1H）	99.59	
	4	—	176.91	
	5	—	151.89	
	6	5.28（s，1H）	95.24	
	7	2.41～2.38（m，2H）	53.08	
	8	1.95～1.88（m，2H）	24.49	
	9	2.22～2.14（m，1H） 1.95～1.88（m，1H）	32.25	
	10	3.61（t，J=12.4，J=6.8，1H）	65.35	
	11	—	176.23	
	12	3.23（t，J=12.4，J=6.8，2H）	42.81	
	13	2.08～1.96（m，2H）	22.89	

续表

化合物	序号	^{1}H-NMR，^{13}C-NMR 描述		结构
		δ_H（mult.，J in Hz）	δ_C	
b	14	2.41～2.38（m，1H） 2.34～2.28（m，1H）	32.60	
	15	—	179.68	
c	1，4	—	175.96，173.85	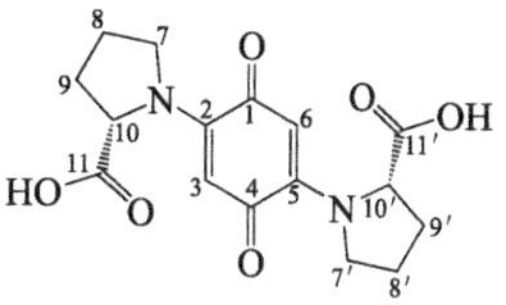
	2，5	—	150.81	
	3，6	5.36（s，H），5.07（s，H）	101.34	
	7，7'	2.35～2.23（m，2H） 2.21～2.11（m，2H）	64.63，62.59	
	8，8'	2.06～1.90（m，4H）	25.11，22.90	
	9，9'		32.51，30.36	
	10，10'	3.57～3.40（m，2H）	52.63，47.05	
	11，11'	—	182.14	

（六）米团花蜂蜜中与呈色物质相关的氨基酸的测定结果

每个确定的呈色物质都包含一个对苯醌和两个氨基酸，其中一个氨基酸是脯氨酸。化合物 a 的第二氨基酸为谷氨酰胺，化合物 b 的第二氨基酸为 γ-氨基丁酸，化合物 c 的第二氨基酸也是脯氨酸。Luo 等人在碱性条件、22℃下用对苯醌与 Pro 合成了化合物 c。根据目前的研究结果和参考文献，我们推测这些相应的氨基酸和对苯醌是 LCH 中形成色素物质的关键底物。因此，这些氨基酸在 LCH 中被测定，结果如下：47.51±1.01mg/kg（谷氨酰胺），0.29±0.01mg/kg（γ-氨基丁酸），16.05±0.52mg/kg（脯氨酸）。脯氨酸是大多数蜂蜜样品中含量最多的游离氨基酸，而相对于谷氨酰胺，LCH 中脯氨酸含量较低。脯氨酸具有活性氨基部分，容易与对苯醌反应生成色素物质。因此，LCH 中脯氨酸含量相对较低，可能是由于色素的形成对其进行了消耗。γ-氨基丁酸是一种非蛋白质氨基酸，其在蜂蜜中的研究相对较少。γ-氨基丁酸天然存在于植物和动物中，具有多种生物活性功能和显著的健康益处。在 LCH 样品中，γ-氨基丁酸的含量低于其它氨基酸，然而，γ-氨基丁酸在色素物质的形成中起着重要作用。在大多数种类的蜂蜜中，都发现了大量的谷氨酰胺，通常其含量仅次于脯氨酸。综上，我们提出 LCH 中的谷氨酰胺是化合物 a 的潜在前体。

对苯醌是形成色素化合物的另一个重要底物。对苯醌是植物、动物和细菌中常见的代谢物。蜂蜜来源于植物的花蜜，其化学成分与植物来源密切相关。据我们所知，关于米团花化学成分的文献有限。查到的唯一一篇文章报道了脯氨酸-醌结合物作为米团花花蜜中的主要色素物质。我们分别采用 LC-MS 和 GC-MS 对 LCH 中对苯醌类化合物进行分析，然而，并没有检测到该化合物。在 LCH 中，谷氨酰胺、γ-氨基丁酸和脯氨酸的存在可能表明在色素物质的形成过程中，由于氨基酸过剩，对苯醌被消耗尽。一般来说，蜂蜜的 pH 值在 5 以下。然而，LCH 的 pH 值为 6.9，高 pH 值表明 LCH 中存在碱性物质。根据 Luo 等人关于 DPBQ 合成路线的报道，反应所需的碱性环境是碳酸钠提供的。因此，我们认为 LCH 的高 pH 值环境促进了这三种色素物质的形成，但需要进一步研究 LCH pH 值高的原因。

（七）UHPLC-DAD 法测定 LCH 样品中色素物质

这些色素物质在 370nm 附近具有较强的紫外线吸收。利用 DAD 进行定量，比质谱方法更简单，线性范围更宽。因此，我们开发了一种 UHPLC-DAD 方法来定量这些色素化合物。针对每种目标化合物，用 15%乙腈（体积比）连续稀释制备 6 个标准溶液（5mg/L，10mg/L，20mg/L，50mg/L，100mg/L 和 250mg/L）。色谱图见图 4-7，详细定量信息见表 4-3。在 LCH 样品中，化合物 a 的含量为 2.58～5.13mg/kg，化合物 b 的含量为 2.93～4.96mg/kg，化合物 c 的含量为 4.26～9.22mg/kg。在之前 Luo 等人的报道中，LCN 的主要呈色物质为 DPBQ。在本研究中，我们只在 LCN 中检测到 DPBQ，且其含量为 10.28±0.12mg/kg，但未检测到 GPBQ 和 GAPBQ。我们猜测 GPBQ 和 GAPBQ 是在蜂蜜酿造过程中形成的。此外，我们还分析了一些常见的蜂蜜，包括刺槐蜂蜜、椴树蜂蜜、枣花蜂蜜、荆条蜂蜜、荞麦蜂蜜和麦卢卡蜂蜜，LCH 颜色的呈色物质在这些蜂蜜样品中均不存在。综上所述，GPBQ 和 GAPBQ 是可表征 LCH 的潜在标志物。

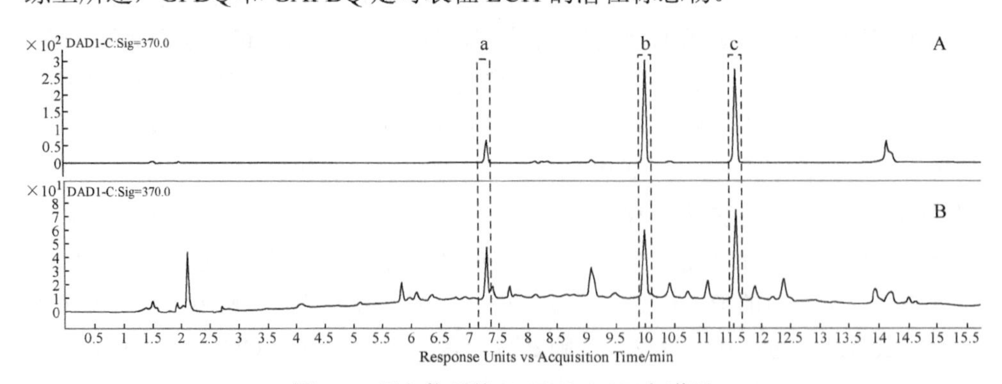

图 4-7　呈色物质的 UHPLC-DAD 色谱图

A—纯化化合物；B—LCH 样品；其中 a—GPBQ；b—GAPBQ；c—DPBQ

表 4-3　呈色化合物的串联质谱定量信息

项目	化合物 a	化合物 b	化合物 c
标准曲线	y=9.44x+13.64	y=10.40x+9.247	y=9.49x+11.01
R^2	0.9991	0.9998	0.9992
LOD/（mg/L）	0.31	0.35	0.28
LOQ/（mg/L）	0.80	0.76	0.63
回收率/%	94.1	95.7	96.5

注：y、x 分别为标准溶液的峰面积和浓度。

LCH 样品中游离色素物质的水平并没有预期那么高。Luo 等人发现一个对称的脯氨酸-醌结合物是形成 LCN 颜色的原因。然而，随着花期的延长和旧花蜜的产生（5 天时间内），DPBQ 的含量从 1390mg/L 急剧下降到只有几十 mg/L，因此我们推测这些色素物质是极易聚合的。未来的研究将探索这些聚合物，然而它们很难用常用的色谱方法进行分析。

二、米团花蜂蜜挥发性成分分析

（一）样品收集

本研究共选取了 9 种单花蜂蜜，每种样品 6 个，分别为米团花蜂蜜 LCH（标记 LCH1～LCH6）、荞麦蜂蜜 BH（标记 BH1～BH6）、苕子蜂蜜 VH（标记 VH1～VH6）、椴树蜂蜜 LDH（标记 LDH1～LDH6）、枣花蜂蜜 JH（标记 JH1～JH6）、荆条蜂蜜 CH（CH1～CH6）、刺槐蜂蜜AH（AH1～AH6）、五倍子蜂蜜 GH（GH1～GH6）和荔枝蜂蜜 LH（LH1～LH6）。LCH 样本来自云南省沧源佤族自治县不同地方的养蜂场。BH、LDH、JH、CH、AH、GH、LH 和 VH 样本来自养蜂合作社。根据之前 Machado 等人研究报道的方法，我们测定了上述蜂蜜样品的基本理化指标，包括水分含量、蔗糖、葡萄糖和果糖含量以及酸度和酶值。这些结果均符合蜂蜜的质量标准。

（二）主要试验方法

（1）蜂蜜挥发性成分的 GC-MS 分析方法　为富集挥发性成分，将 3.0g 蜂蜜和 20μL 内标（100μg/mL，甲醇为溶剂）与 3mL 20%氯化钠溶液（质量浓度）混合。挥发性成分的提取采用顶空固相微萃取（HS-SPME），萃取头型号是 DVB/CAR/PDMS，50/30μm（Supelco，Bellefonte，PA，USA）。萃取前，样品溶液在60℃下振荡10min，萃取纤维在60℃萃取挥发性成分45min，在230℃的GC进样口中解吸5min。

采用QP 2010plus GC-MS系统（岛津，日本），HP-5毛细管柱（30m×0.25mm×0.25μm）分析蜂蜜样品。载气为氦气，流速为1mL/min。升温程序为：初始柱温为40℃，保持5min，升温至160℃，升温速率为3℃/min。然后以10℃/min的速率加热至270℃，保持5min。

质谱采用EI电离源进行全扫描模式，扫描范围为*m/z* 29～450。离子源和接口温度分别为230℃和280℃。通过与NIST数据库中化合物的碎片匹配和参考文献中的保留指数（RI）来鉴定挥发性化合物。RI根据Zhu等人报道的公式进行计算。

（2）米团花蜂蜜的气味分析方法　采用气味活性值（OAV）和气味贡献率（OCR）评价米团花蜂蜜的风味。OAV值以挥发性成分浓度/气味阈值（OT）进行计算。根据多篇文献（如表4-5所示）和数据库http：//www.flavornet.org/flavornet.html，http：//www.odour.org.uk/index.html获得OTs和气味特征。当OAV>1时，认为香气化合物对LCH的风味有重要贡献。

（3）GC-MS/MS对米团花蜂蜜的特征香气成分定量方法　将1g蜂蜜与1mL去离子水混合，涡旋混匀后，加入2mL乙酸乙酯，提取挥发性化合物。混合溶液振荡40min，以7100g离心10min。提取的溶液通过0.2μm尼龙膜过滤以做进一步分析。

采用TQ 8040 GC-MS系统（岛津，日本）对特征香气成分进行准确定量。色谱柱与上述挥发性成分分析所用的色谱柱一致。升温程序为：柱初温在40℃保持1min，以3℃/min升温至70℃，以20℃/min升温至150℃。最后以10℃/min加热至330℃，维持6min。进样体积为2μL。质谱离子源温度230℃，接口温度300℃。采用多反应监测（MRM）模式对特征化合物进行定量，溶剂延迟4.5min。

（三）米团花蜂蜜挥发性成分分析结果

植物花蜜具有独特的挥发性特征，强烈影响蜜蜂的偏好和觅食行为，并最终产生具有不同风味特征的蜂蜜。在这里，为了比较并发现米团花蜂蜜的特征挥发性成分，用GC-MS分析了包括米团花蜂蜜在内的9种不同单花蜂蜜中的挥发性成分。根据其离子碎片和RIs（保留指数），将化合物与NIST数据库中的参考化合物进行匹配，鉴定出116种挥发性成分并进行半定量。由每种单花蜂蜜的挥发性化合物组成的热图清楚地表明了它们的差异（图4-8a）。根据挥发性成分分析，在这些单花蜂蜜中，BH最独特，其次是LCH。

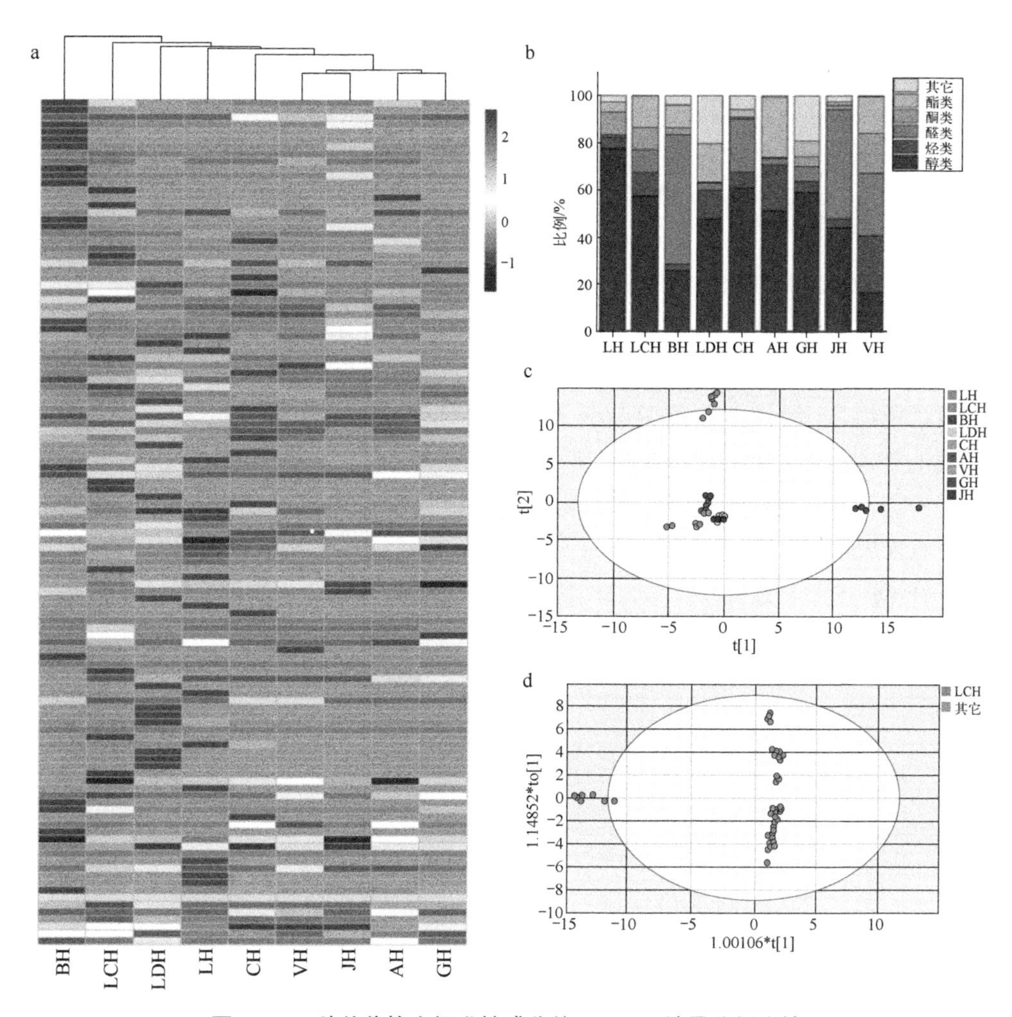

图 4-8　9 种单花蜂蜜挥发性成分的 GC-MS 结果分析比较

a—不同蜂蜜样品挥发性成分的热图；b—化学成分类型；c—PCA 分析结果；d—OPLS-DA 分析结果

与香气相关的挥发性成分负责通过独特的气味来区分不同的单花蜂蜜。做鉴定的挥发性化合物可分为醇类、酯类、酮类、醛类、烷烃类和其它（酸类、杂环类化合物等），它们在不同蜂蜜中呈特征分布（图 4-8b）。BH 和 JH 具有丰富的醛类化合物，可与其它 7 种单花蜂蜜区分开来。醛类化合物，如糠醛，天然存在于蜂蜜中，它们也可以是美拉德反应的产物，由热处理或长期储存而产生。此外，有文献报道 BH 的波美度高于 40，会比其他蜂蜜含有更多的醛和酸，这可能与其成熟度有关。

BH、JH 和 LCH 都是深色蜂蜜（它们的颜色比本研究的其它蜂蜜要深）。糠醛在 BH 和 JH 中含量较高（分别为 16.33μg/g 和 6.19μg/g），而在 LCH 中含量较低（0.07μg/g）。我们之前的研究发现，LCH 的深色是由独特的色素物质，即一类氨基酸-对苯醌结合物形成的。LCH 的挥发性成分组成为：醇类 57.5%，酯类 13.39%，烷烃 9.79%，醛类 9.56%，酮类 9.45%，其他 0.28%，其中醇类和酯类占所有挥发性成分的 70%以上。

采用 PCA 和 OPLS-DA 对蜂蜜样品进行特征挥发性成分筛选。基于挥发性化合物的半定量值，主成分分析表明 LCH 和 BH 与其它蜂蜜最不同（图 4-8c）。为了找到 LCH 的特征挥发性化合物，进行了 OPLS-DA 分析。对于 OPLS-DA 分析，形成了两组，一组只含有 LCH，另一组包含剩余的蜂蜜。OPLS-DA 显示出比 PCA 更强的辨别能力，通过 OPLS-DA 增加了组间差异，组内差异减少。LCH 样品聚集在一起，与其它蜂蜜样品相距甚远（图 4-8d）。基于 OPLS-DA 分析，通过计算 VIP 值来表明具体是哪些挥发性成分对 LCH 与其它蜂蜜的区分作用最大（表 4-4）。在 OPLS-DA 分析中，当 VIP 值>1 时，表明其具有较强的区分能力。

表 4-4　基于 OPLS-DA 分析筛选的差异挥发性成分

序号	化合物	VIP 值	变化趋势
1	1-(2-乙基-3-环己烯基)乙醇	2.343	下调
2	5-己基-3,3-二甲基-1-环戊烯	2.342	上调
3	壬-3,5-二烯-2-酮	2.339	上调
4	十一碳-1,3,5,8-四烯	2.335	上调
5	(*E*，*E*)-1,3,5-十一碳三烯	2.312	上调
6	芳樟醇	2.259	上调
7	己酸乙酯	2.242	上调
8	(*Z*)-3-己烯酸甲酯	2.135	上调
9	己酸甲酯	2.125	上调
10	异佛尔酮	2.105	上调
11	苯甲醇	2.073	上调
12	*α*-雪松烯	1.976	上调
13	甲基十四酸酯	1.913	上调
14	癸酸甲酯	1.850	上调
15	棕榈酸甲酯	1.822	上调
16	甲酸己酯	1.689	上调

续表

序号	化合物	VIP 值	变化趋势
17	辛酸甲酯	1.669	上调
18	3-乙基-2-戊醇	1.639	上调
19	1-庚醇	1.628	上调
20	3-辛醇	1.614	上调
21	2,5-二甲基-1,5-己二烯-3,4-二醇	1.560	上调
22	L-α-松油醇	1.450	上调
23	2,6-二甲基-3,7-辛二烯-2,6-二醇	1.328	上调
24	正十四烷	1.300	下调
25	丁香醇 B	1.299	下调
26	2,6,6-三甲基-2-环己烯-1,4-二酮	1.176	下调
27	丁香醇 A	1.136	下调
28	十二烷	1.037	上调

在 VIP 值为>1 的 28 种挥发性成分中，LCH 中含量较其它蜂蜜样品含量多的挥发性成分有 23 种。为了验证筛选的这 23 个化合物在两组中的真实差异，将它们从试验蜂蜜样本中进行反提。LCH 中芳樟醇的含量明显高于其它蜂蜜（图 4-9a），并且在区分 LCH 与其它蜂蜜样品的能力上具有绝对的优势。芳樟醇是花卉、草药、木材和树叶中的一种被大家熟知的风味成分。芳樟醇作为一种重要的芳香挥发性成分，对 LCH 的香气特征也起着重要的作用。

（四）基于 OAV 和 OCR 分析米团花蜂蜜的气味特征

有气味的挥发性化合物会形成独特的味道，可以被感官系统感受到。表 4-5 总结了在 LCH 中检测到的 27 种香气化合物。芳樟醇散发出强烈的花香、甜味和柑橘般的香气，是 LCH 中 OCR（74.22%）最高的香气化合物。芳樟醇也被报道是一些其它蜂蜜的特征香气化合物，如柑橘和橙子蜂蜜。由于芳樟醇在柑橘蜂蜜中的浓度很高，因此 Karabagias 等人提议其作为鉴定柑橘蜂蜜的标记挥发性成分。而柑橘蜂蜜中芳樟醇的浓度为 0.062mg/kg（HS-SPME-GC-MS 法），远低于 LCH 中检测到的浓度（平均为 3.08mg/kg）。在橙子蜂蜜中，芳樟醇及其氧化物的对映体比例是稳定的，可被用于鉴定。

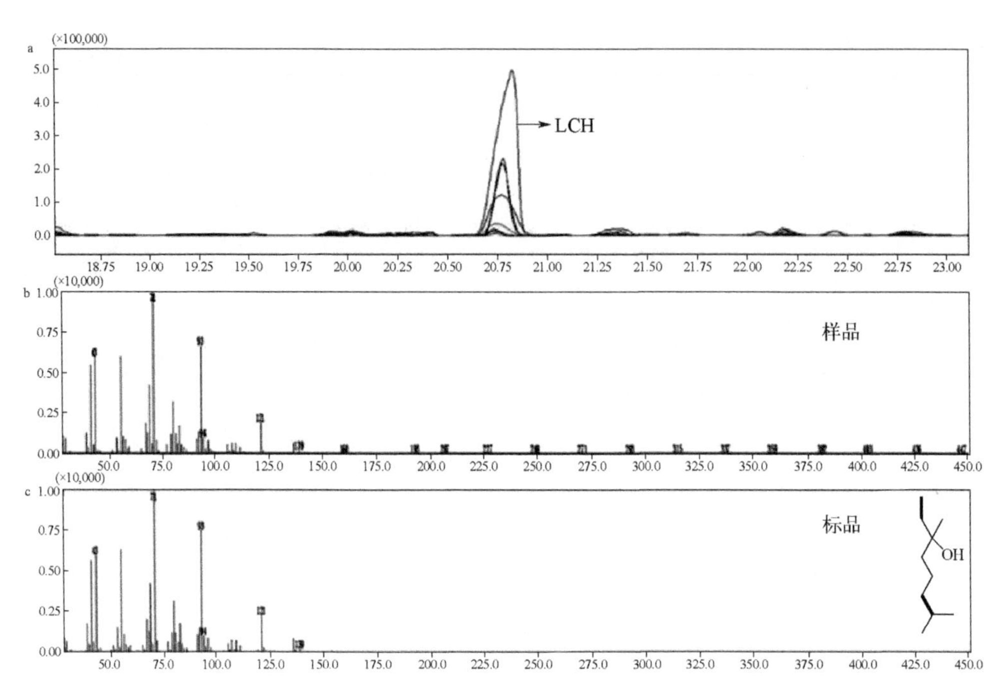

图 4-9　芳樟醇的 GC-MS 色谱图

a—9 种单花蜂蜜中芳樟醇的提取离子色谱图；b—LCH 芳樟醇二级质谱图；c—芳樟醇标准品的二级质谱图

表 4-5　米团花蜂蜜的香气化合物

序号	化合物	浓度 /（μg/g）	香气阈值 /（μg/kg）	OAV	OCR /%	气味特征	气味类别	参考文献
1	3-甲基-1-丁醇	0.38	0.1	3771.93	18.19	塑料的，辛辣的	刺激性的	（Yang et al.，2010）
2	糠醛	0.07	1	71.70	0.35	腌制的，烤的	刺激性的	（Yang et al.，2010）
3	甲酸己酯	0.13	98	1.28	0.01	甜的，果香	甜的	（Zhu et al.，2022）
4	己酸甲酯	0.23	39	5.89	0.03	菠萝，果香	果香	（Zhu et al.，2022）
5	苯甲醛	0.57	24	23.91	0.12	像苦杏仁味的，樱桃	刺激性的	（Zhu et al.，2022）
6	1-庚醇	0.80	5.4	147.32	0.71	似草味的	清新的	（Zhu et al.，2022）
7	3-辛醇	0.02	1.5	16.40	0.08	像蘑菇味的	清新的	（Zhu et al.，2022）
8	己酸乙酯	0.12	1	115.82	0.56	苹果皮，果香	果香	（Yang et al.，2010）
9	4-异丙基甲苯	0.05	260	0.21	0.00			（Noguerol-Pato et al.，2012）

续表

序号	化合物	浓度/（μg/g）	香气阈值/（μg/kg）	OAV	OCR/%	气味特征	气味类别	参考文献
10	苯甲醇	0.28	89	3.16	0.02	胡桃	刺激性的	（Ruisinger et al.，2012）
11	苯乙醛	0.68	2.5	271.78	1.31	玫瑰花香的，花香	花香	（Ruisinger et al.，2012）
12	反-芳樟醇氧化物	0.47	320	1.48	0.01	烤的，甜的	甜的	（Kang et al.，2019）
13	芳樟醇	3.08	0.2	15392.62	74.22	花香的，甜的，柑橘，橙	花香	（Zhu et al.，2022）
14	二氢芳樟醇	0.91	110	8.27	0.04	花香，甜的	花香	（Kang et al.，2019）
15	苯乙醇	0.38	89	4.27	0.02	花香	花香	（Ruisinger et al.，2012）
16	辛酸甲酯	0.70	200	3.52	0.02	果香，脂肪	果香	（Xiao et al.，2019）
17	丁香醛 B	0.23	0.4	575.98	2.78	甜的，花香	甜的	（Kreck & Mosandl，2003）
18	α-松油醇	0.18	250	0.71	0.00	似丁香味的，桃子		（Ferreira et al.，2000）
19	癸醛	0.08	3.6	21.64	0.10	柑橘，果香，甜糯的	果香	（Zhu et al.，2022）
20	丁香醇 A	0.08	4	19.74	0.10	花香，甜的	花香	（Kreck et al.，2003）
21	丁香醇 B	0.09	2	47.18	0.23	甜的，花香	甜的	（Kreck et al.，2003）
22	苯乙酸乙酯	0.11	400	0.27	0.00	花香，果香		（Xiao et al.，2019）
23	乙酸，2-苯乙酯	0.29	480	0.60	0.00	果香，花香，蜂蜜		（Pino & Quijano，2012）
24	癸酸甲酯	0.26	8.8	29.67	0.14	果香，似葡萄酒	果香	（Xiao et al.，2019）
25	雪松醇	0.10	0.5	204.36	0.99	温和的雪松木香味	清新的	（Zhu et al.，2018）
26	棕榈酸甲酯	0.09	1000	0.09	0.00			（Pino et al.，2012）
27	棕榈酸乙酯	0.02	2000	0.01	0.00	似蜡的，果香，牛奶		（Pino et al.，2012）

米团花蜂蜜中第二丰富的气味成分是3-甲基-1-丁醇（OCR为18.19%），具有塑料和刺激性的气味。3-甲基-1-丁醇具有较低的气味阈值，也被确定为椴树蜂蜜的特征挥发性有机化合物。主要散发花香和甜味的苯乙醛和丁香醛B的OCR也较高，分别为1.31%和2.78%。蜂蜜中存在的苯乙醛可以通过酶反应或苯丙氨酸的Strecker降解形成，它也可以作为蜂蜜样品分类的特征化合物。而丁香醛B是植物吸引昆虫的重要气味成分。

图4-10显示了LCH不同类型香气的比例，即花香、刺激性、甜香、果香和清新的气味。含有玫瑰和丁香香气的OCR占比最大，为75.69%。其次是刺激性气味（OCR总和为18.68%），可以更具体地描述为塑料、腌制、苦杏仁和坚果味。甜、清新和果香的OCR分别为3.03%、1.78%和0.85%。所有这些OCR值的贡献共同构成了LCH独特的香气特征。

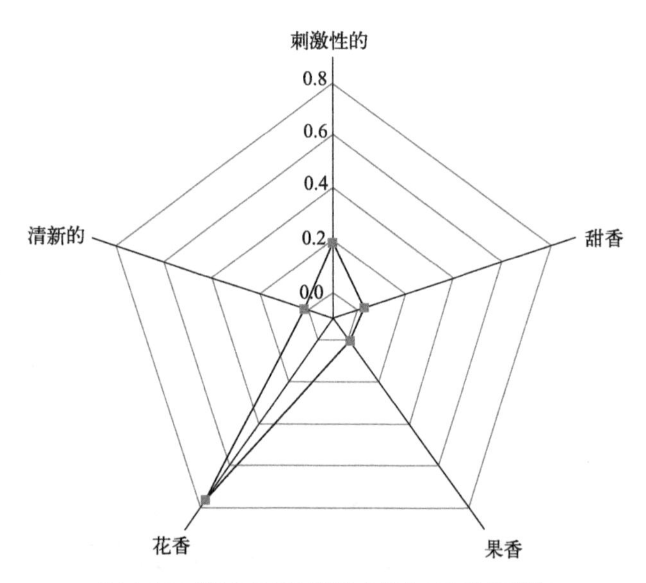

图4-10　基于OCR所确定的LCH香气特征

（五）米团花蜂蜜中特征香气成分芳樟醇的定量结果

准确定量特征香气成分有利于与其它单花蜂蜜的鉴别。本研究采用GC-MS/MS对米团花蜂蜜样品中的芳樟醇进行定量分析。采用50μg/L的芳樟醇标准溶液优化MS条件，通过全扫描模式和子离子模式分别获得母离子和子离子。在m/z为121.0 → 93.1（CE 为9eV）、121.0 → 77.0（CE 为24eV）和121.0 → 107.0（CE 为9eV）时，这些子离子可以定量芳樟醇。芳樟醇的标准曲线为：$y = 32.5407x$

+ 136.6829（R^2=0.9943），其中 x、y 分别代表标准溶液浓度和色谱峰面积。蜂蜜基质中芳樟醇的平均回收率为 82%～94%，RSD 值低于 9.6%，LOQ 为 3.6μg/L。

根据开发的 GC-MS/MS 方法，我们分析了该研究中所有蜂蜜样品的芳樟醇的含量，其中米团花蜂蜜含有更多的芳樟醇，也再一次验证了芳樟醇在其香气中发挥的决定性作用。LCH 中芳樟醇的平均浓度为 0.18mg/kg，GH、LDH、AH 和 LH 中芳樟醇的平均浓度均小于 0.03mg/kg。芳樟醇因其抗菌活性以及抗癌性而广泛用于民间医学和芳香疗法。因此，芳樟醇除了在 LCH 的香气中起作用外，还可能有助于发挥 LCH 所表现出的生物活性。

三、米团花蜂蜜活性成分的筛选和鉴定

（一）样品收集

自然成熟的米团花蜂蜜（LcSH）样品（标记为 Lc1～Lc10）采集自中国云南省沧源佤族自治县（位于东经 98°52′～99°43′ 和北纬 23°04′～23°40′ 之间）当地养蜂场。从养蜂合作社获得刺槐蜂蜜（标记为 A1～A10）、枣花蜂蜜（标记 J1～J10）、龙眼蜂蜜（标记 Lo1～Lo10）、油菜蜂蜜（R1～R10）、枸杞蜂蜜（M1～M10）、椴树蜂蜜（Li1～Li10）、荞麦蜂蜜（B1～B10）、荆条蜂蜜（V1～V10）、益母草蜂蜜（Le1～Le5）。米团花花蜜（LcN1～LcN5）收集于米团花花期。本研究对蜂蜜样品的基本参数进行分析，包括孢粉学检查、水分、葡萄糖、果糖、蔗糖含量以及酶值和酸度，以确保样品符合蜂蜜的质量标准。

（二）主要试验方法

（1）蜂蜜样品前处理　将 1g 蜂蜜样品准确称量，与 5mL 去离子水混合，涡旋混匀后，样品溶液通过尼龙膜（13mm，0.2μm，安捷伦）过滤，然后进行进一步分析。对于 UHPLC-MS/MS 分析，米团花蜂蜜样品在上述制备后还需要进一步适当稀释。

（2）特征化合物筛选　采用超高效液相色谱-四极杆飞行时间串联质谱（UHPLC-Q-TOF-MS，安捷伦，帕洛阿尔托，美国），结合 ZORBAX Eclipse Plus C18（2.1mm×100mm，1.8μm，安捷伦科技，美国）色谱柱进行色谱分离。流动相 A 为含 0.2%甲酸的水（体积比），流动相 B 为甲醇。洗脱过程为：0～2min（5% B），2～20min（5%～100% B），20～25min（100% B），后运行时间为 5min。柱温保持在 30℃，进样量为 1μL。质谱选用电喷雾电离源（ESI），处于正离子模式。

优化的质谱条件为碎裂电压 135 V，干燥气体温度 325℃，流速 10L/min，雾化气气体压力 35psi，鞘气温度 370℃，流速 12L/min。参比离子（*m/z* 121.050873 和 *m/z* 922.009798）用于保证质谱运行时的质量精度。采用靶向 MS/MS 模式对所选母离子（*m/z* 144.1018）的子离子进行分析。

MS 和 MS/MS 采集的数据通过 Agilent MassHunter B.10.00 版本进行处理。Profinder 10.0 软件被用来提取分子特征，要求峰高≥10000，保留时间误差≤0.2min，质量误差≤2mDa。提取后的数据以 CEF 格式保存。通过 Mass Profiler Professional（MPP，Agilent Technologies 软件）进行差异化合物分析和鉴定。采用主成分分析（PCA）评价数据质量和区分蜂蜜样品，进一步通过 *t* 检验（$p \leqslant 0.01$）结合最大倍数变化≥10 筛选差异化合物。将筛选出的差异化合物保存为 CEF 文件，在 Profinder 10.0 软件中进行目标特征提取。利用 METLIN 数据库对未知化合物进行初步鉴定。

（3）特征化合物的制备方法　通过制备型高效液相色谱法（PHPLC，Agilent Technologies，USA）获得特征化合物的纯样品。采用 Polaris 5 NH_2（250mm × 10.0mm，5μm，Agilent Technologies，荷兰）制备柱进行色谱分离，检测波长为 210nm。流动相为 0.1%甲酸水溶液（体积比）（A）和乙腈（B），洗脱过程为 0～8min（98% B）、8～12min（98% B～50% B）、12.1min（98% B）、12.1～16min（98% B），以 4.5～7.0min 的洗脱液（包含特征化合物）进行收集并冷冻干燥。为确保洗脱液中含有目标化合物（*m/z* 144.1018），收集的洗脱液采用 UHPLC-Q-TOF 质谱分析。

（4）核磁质谱分析　对纯化的化合物进行核磁质谱分析以确定准确的分子结构。取 10mg 纯品溶于 500μL 氘代甲醇中。使用布鲁克（Rheinstetten，Germany）的 Avance Ⅲ HDX 600 MHz Ascend 仪器获得 ^1H 核磁谱。

（5）特征化合物的定量方法　建立了 UHPLC-MS/MS 方法对特征化合物进行定量分析。采用 1290 系列 UHPLC 系统（Agilent，Palo Alto，CA，USA），结合 Poroshell 120 HILIC-Z（2.1mm ×100mm，2.7μm，Agilent Technology，Little Falls，DE，USA）色谱柱在 30℃下进行梯度洗脱。流动相 A 为 0.1%甲酸水溶液（体积比），流动相 B 为 0.1%甲酸乙腈溶液（体积比）。洗脱条件为：0～1min（90% B）、1～5.5min（90%～50% B）、5.5～8.5min（50% B）和 8.5～9min（50%～90% B）。质谱数据在正离子模式下采集。干燥气体温度为 200℃，流速为 16L/min。鞘气温度为 350℃，鞘气流速为 11L/min，雾化气气体压力为 35psi，毛细管电压为 3000V，喷嘴电压为 0V。优化的多反应监测（MRM）条件见表 4-6。

表 4-6　MRM 模式下测定 LcSH 的特征化合物的主要离子参数

化合物	母离子-子离子	碎裂电压/V	碰撞能/eV	延停时间 /ms
水苏碱	144.2 → 84.2	380	20	250
	144.2 → 58.3	380	30	250

（三）基于代谢组学技术筛选米团花蜂蜜的特征化合物

在这项研究中，我们使用代谢组学的策略比较了八种不同的常见蜂蜜与米团花蜂蜜的化学组成。经过分子特征提取、数据比对和筛选，90 份蜂蜜样品共检测出 4186 个分子特征。PCA 是一种无监督的可视化方法，用于降低原始数据的维数，并评估样本之间的差异。从 90 个蜂蜜样品的 4186 个分子特征中提取了三个主要成分（图 4-11a）。质控（QC）样品聚在一起，表明所获得的 MS 数据的重复性和稳定性令人满意。不同种类蜂蜜样品之间存在明显差异，LcSH 与其他 8 种蜂蜜样品相比充分体现了其独特性。为了进一步探究 LcSH 的独特性，将蜂蜜分为 LcSH 组和其它蜂蜜组两组，进行统计学分析。在两组比较的基础上，筛选了 LcSH 的特征成分。

采用基于 t 检验的火山图分析筛选 LcSH 的特征化合物。为了分离 LcSH 特有的化合物，p 值和倍数差异分别设置为 0.01 和 10。将提取的分子特征（包括保留时间、质量和峰面积等信息）用于两组比较，如图 4-11b 所示，筛选出 101 个差异分子特征，其中包括 3 个上调的分子特征（LcSH 与其它蜂蜜相比）和 98 个下调的分子特征（LcSH 与其它蜂蜜相比）。这 3 个上调的分子特征是 LcSH 所特有的，它们的分子质量分别为 104.0627Da、386.1626Da 和 143.0948Da。

为了验证这 3 个上调分子在两组样品中存在差异的准确性，使用 Profinder v. 10.0 软件从随机选取的 LcSH 样本和其它蜂蜜样品中提取它们。LcSH 样品中明显存在保留时间为 1.67min、分子质量为 143.0948Da 的分子特征，而在其他蜂蜜中未观察到（图 4-11c）。根据 METLIN 数据库初步鉴定该化合物为水苏碱。该化合物在 LcSH 中含量丰富，待制备后用于后续的准确结构分析。

（四）米团花蜂蜜中特征化合物的化学鉴定

利用亲水性制备柱制备获得了 12.6mg 的特征化合物，并利用高分辨质谱和核磁质谱对其结构进行了准确的鉴定。

在 Q-TOF 质谱的 Target-MS/MS 模式下，获得了该化合物（m/z 144.1018）的离子碎片。主要离子碎片包括 m/z 58.0657、88.0757、84.0809 和 70.0652 的离子

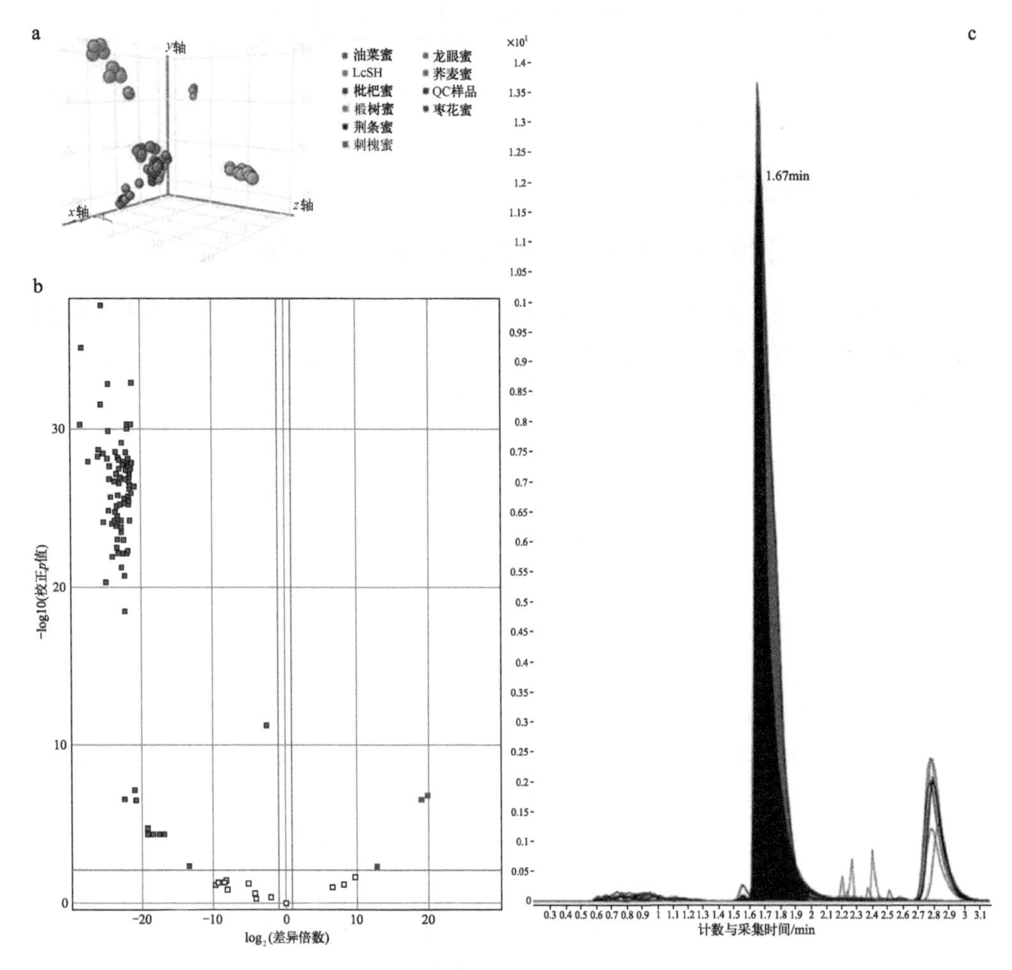

图 4-11　米团花蜂蜜特征化合物的筛选

a—通过主成分分析得到 9 种不同蜂蜜的离散点图；b—LcSH 与其它蜂蜜比较的火山图（$p<0.01$），每个点代表一个分子特征，红点表示 LcSH 组中分子特征显著上调，蓝点表示 LcSH 组中分子特征显著下调，灰色点表示两组间差异不显著的分子特征；c—蜂蜜样本中 *m/z* 144.1018 的目标特征提取，黑色的峰代表 LcSH 中的该化合物，红色的峰代表其它蜂蜜样品中的这种化合物

（图 4-12），这与之前 Xie 等人的报道相似，使用 HPLC-MS/MS 检测到 *m/z* 84.2 和 58.1 的水苏碱离子碎片。利用 Agilent MassHunter Molecular Structure Correlator 软件对各离子碎片的化学式和结构进行了预测：*m/z* 58.0657、88.0757、84.0809 和 70.0652 分别预测为 C_3H_8N，$\pm0\times10^{-6}$；$C_4H_{10}NO$，$\pm1.0\times10^{-6}$；$C_5H_{10}N$，$\pm1.1\times10^{-6}$；C_4H_8N，$\pm1.5\times10^{-6}$。

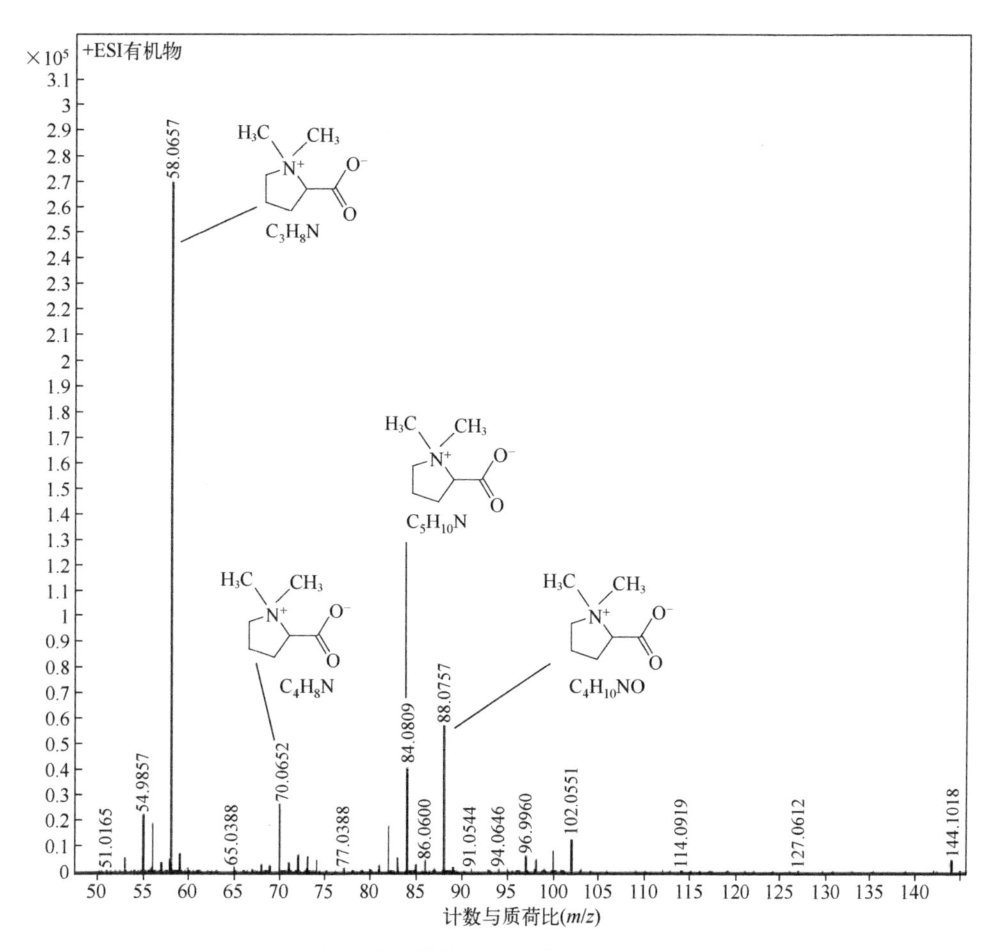

图 4-12　特征化合物的二级质谱图（*m/z* 144.1018）

在各结构中，亮线条表示存在的离子结构，暗线条表示缺失的离子结构

通过核磁质谱进一步研究了目标化合物的结构。该化合物的 ^1H 核磁结果如表 4-7 所示，与之前 Al-Tamimi 等人关于水苏碱的 1H 核磁谱的报道相同。因此，米团花蜂蜜的特征化合物被鉴定为水苏碱。水苏碱，也被称为 *N*，*N*-二甲基-L-脯氨酸或脯氨酸甜菜碱，是传统中药植物益母草的主要功能成分。板栗、苜蓿、柑橘和刺山柑（*Capparis spinosa* L.）中也发现了它。米团花和益母草都属于唇形科野芝麻亚科，水苏碱是野芝麻亚科的重要化学分类学标志化合物。到目前为止，水苏碱是米团花蜂蜜所特有的。了解水苏碱是米团花蜂蜜的特征化合物将有助于了解米团花蜂蜜的健康益处。

许多文献报道了水苏碱具有较强的药理活性。水苏碱因对心血管疾病具有良好的治疗效果而闻名，例如对抗脑缺血-再灌注损伤，以及调节子宫的能力。此外，其抗癌特性、抗炎特性、神经保护作用和缓解椎间疾病进展等功能也引起了人们的关注。因此，除了对米团花蜂蜜功能活性的评价外，准确测定米团花蜂蜜中水苏碱的含量对评估米团花蜂蜜的真实性也具有重要作用。

表 4-7　米团花蜂蜜特征物的 ^{1}H NMR 化学位移

序号	^{1}H NMR	结构
1	—	
2	4.15×10^{-6}（t，$J=9.5$Hz，1H）	
3a	2.45×10^{-6}（m，1H）	
3b	2.27×10^{-6}（m，1H）	
4	2.12×10^{-6}（m，2H）	
5a	3.66×10^{-6}（m，1H）	
5b	3.51×10^{-6}（q，$J=10.3$Hz，1H）	
Me-1	3.25×10^{-6}（s）	
Me-2	3.05×10^{-6}（s）	

（五）UHPLC-MS/MS 定量米团花蜂蜜中的特征物含量

串联质谱具有高灵敏度，可准确定量小分子化合物。本研究采用 UHPLC-MS/MS 法测定米团花蜂蜜中水苏碱的含量。以 1mg/L 的水苏碱溶液（溶剂为 60%乙腈/水，体积比），优化质谱的主要参数。比较了亲水色谱柱和反相色谱柱分离水苏碱的保留时间和峰形，发现亲水色谱柱具有较好的色谱分离效果。对流动相组成的优化表明，在乙腈和水中分别加入 0.1%甲酸均具有较好的峰形和强度。在正模式下使用子离子模式，分别对 10eV、20eV、30eV 和 40eV 的碰撞能量进行了子离子丰度的测定。30eV 和 20eV 产生的子离子丰度较高，且子离子 m/z 分别为 58.3 和 84.2。最佳 MRM 条件和色谱结果分别如表 4-6 和图 4-13 所示。采用标准曲线法测定米团花蜂蜜样品中水苏碱的浓度。在 60%乙腈中制备 6 个不同浓度的水苏碱梯度溶液（0.005mg/L、0.010mg/L、0.025mg/L、0.040mg/L、0.050mg/L 和 0.100mg/L），用 UHPLC-MS/MS 进行分析。建立的水苏碱标准曲线为：$y=15417.234x+2326.763$（$R^2=0.9999$），其中 x、y 分别代表水苏碱的浓度和峰面积。

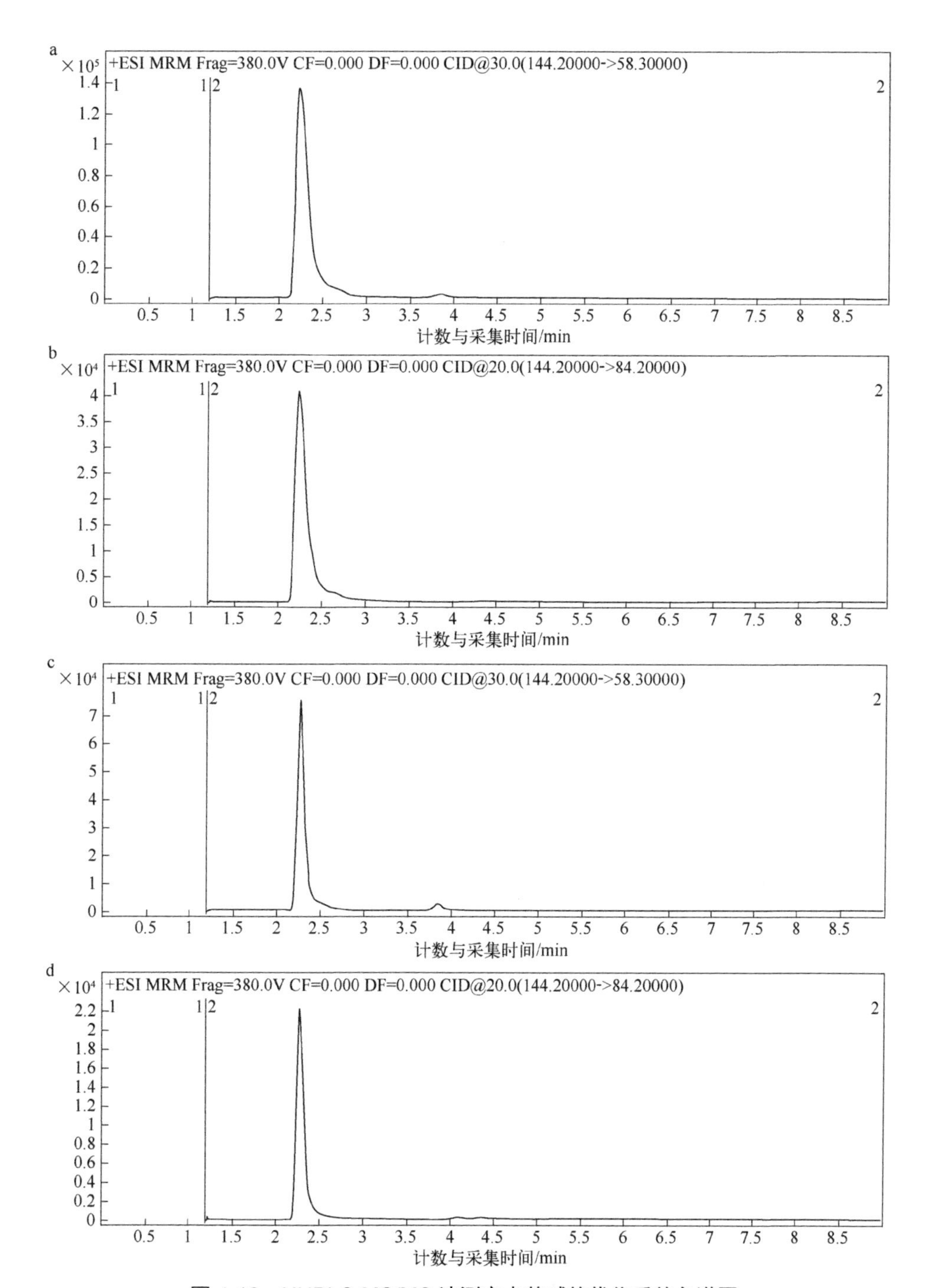

图 4-13 UHPLC-MS/MS 法测定水苏碱的优化后的色谱图

a—水苏碱标准品子离子 *m/z* 58.3 色谱图；b—水苏碱标准品子离子 *m/z* 84.2 色谱图；
c—米团花蜂蜜样品子离子 *m/z* 58.3 色谱图；d—米团花蜂蜜样品子离子 *m/z* 84.2 色谱图

水苏碱的检出限（LOD）为0.001mg/L，定量限（LOQ）为0.004mg/L。用日内和日间精密度评价了该方法的精密度，两者均低于3.6%。在0.2mg/g、0.5mg/g、1.0mg/g三个浓度水平下，样品的回收率为82.4%～96.5%，重复性为1.4%～3.2%。这些指标表明，该方法稳定、灵敏，适用于米团花蜂蜜样品中水苏碱的定量分析。

使用所开发的方法分析米团花蜂蜜样品，结果见表4-8。我们发现水苏碱的含量范围为0.35mg/g至0.68mg/g。同时测定了米团花花蜜中水苏碱的含量，其范围为0.21～0.38mg/g，说明米团花蜂蜜成熟过程中水苏碱有明显的富集作用。储存18个月，米团花蜂蜜中水苏碱含量无显著变化（$p<0.01$），表明其在储存过程中化学性质稳定（图4-14）。在其它8种常见蜂蜜中均未检测到水苏碱，包括刺槐蜂蜜、枣花蜂蜜、龙眼蜂蜜、油菜蜂蜜、枸杞蜂蜜、椴树蜂蜜、荆条蜂蜜和荞麦蜂蜜。由于水苏碱是益母草中的主要功能成分，所以还采用该法对益母草蜂蜜进行了分析。有趣的是，益母草蜂蜜中水苏碱的平均含量只有3.09μg/g（表4-8），比米团花蜂蜜中水苏碱的含量低100倍。在本研究测试的蜂蜜样品中，米团花蜂蜜是水苏碱的良好来源，丰富的水苏碱也是鉴定米团花蜂蜜的一个重要指标。

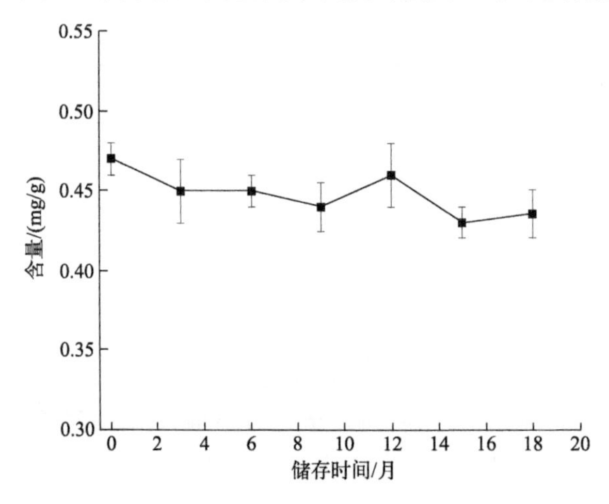

图4-14　水苏碱在米团花储存18个月内的含量变化

表4-8　蜂蜜样品中水苏碱的含量

样品	含量/（mg/g）	样品	含量/（mg/g）	样品	含量/（mg/g）	样品	含量/（mg/g）	样品	含量/（μg/g）
Lc1	0.42±0.02	Lc4	0.47±0.00	Lc7	0.62±0.02	Lc10	0.48±0.01	A3	—
Lc2	0.45±0.01	Lc5	0.66±0.01	Lc8	0.68±0.01	A1	—	A4	—
Lc3	0.35±0.01	Lc6	0.59±0.01	Lc9	0.61±0.02	A2	—	A5	—

续表

样品	含量/（mg/g）	样品	含量/（mg/g）	样品	含量/（mg/g）	样品	含量/（mg/g）	样品	含量/（μg/g）
A6	—	J3	—	Lo10	—	M7	—	B4	—
A7	—	J4	—	R1	—	M8	—	B5	—
A8	—	J5	—	R2	—	M9	—	B6	—
A9	—	J6	—	R3	—	M10	—	B7	—
A10	—	J7	—	R4	—	Li1	—	B8	—
V1	—	J8	—	R5	—	Li2	—	B9	—
V2	—	J9	—	R6	—	Li3	—	B10	—
V3	—	J10	—	R7	—	Li4	—	LcN1	0.28±0.00
V4	—	Lo1	—	R8	—	Li5	—	LcN2	0.21±0.00
V5	—	Lo2	—	R9	—	Li6	—	LcN3	0.30±0.00
V6	—	Lo3	—	R10	—	Li7	—	LcN4	0.38±0.01
V7	—	Lo4	—	M1	—	Li8	—	LcN5	0.25±0.00
V8	—	Lo5	—	M2	—	Li9	—	Le1	3.06±0.06
V9	—	Lo6	—	M3	—	Li10	—	Le2	2.91±0.05
V10	—	Lo7	—	M4	—	B1	—	Le3	3.05±0.05
J1	—	Lo8	—	M5	—	B2	—	Le4	3.13±0.04
J2	—	Lo9	—	M6	—	B3	—	Le5	3.30±0.08

注：“—”表示低于 LOD。

第二节　草果蜂蜜化学特征分析及对其质量控制的应用

一、草果蜂蜜挥发性成分分析

（一）样品收集

草果蜂蜜样品来自云南红河当地的养蜂场，标记为 ATH1～ATH6。椴树蜂蜜（标记为 LIH1～LIH6）、荆条蜂蜜（标记为 CHH1～CHH6）、刺槐蜂蜜（ACH1～ACH6）和枇杷蜂蜜（标记为 LOH1～LOH6）是从合作养蜂场获得的。所有的蜂蜜样品均采集于封盖巢脾，并进行了孢粉学检测以确保其真实性。为了确保所有蜂蜜样品都达到蜂蜜的基本指标标准，我们按照 Yan 等人报道的方法测定了水分、5-HMF、蔗糖、葡萄糖和果糖含量以及酸度和酶值。

（二）主要试验方法

GC-MS 分析。草果蜂蜜挥发性成分的 GC-MS 分析方法及香气的确定方法同前第四章第一节描述。

（三）草果蜂蜜挥发性成分分析结果

单花蜂蜜的挥发性成分主要来源于植物花蜜。因此，花蜜会极大影响不同单花蜜的气味特征。草果蜂蜜来自一种著名的香料植物，故而我们试图首先确定其特有的挥发性化合物。为了表征草果蜂蜜的挥发性成分特征，我们将草果蜂蜜的挥发性成分与其它 4 种常见的单花蜜进行了比较。

这 5 种单花蜜的颜色都较浅，且气味清淡。通过 GC-MS 分析了这 5 种单花蜂蜜的挥发性成分，并通过与 NIST 谱库中标准品的质谱碎片及相应的 RI 相匹配共鉴定了 134 种挥发性成分（见表 4-9）。这些挥发物的热图（图 4-15a）清楚表明，每种单花蜂蜜都有独特的挥发物的特征，其挥发物的化学组成与其它单花蜂蜜显著不同。通过主成分分析，这些蜂蜜样品形成了 5 个区分明显的组别，其中草果蜂蜜与其它 4 种单花蜂蜜差异最大（图 4-15c）。

表 4-9　蜂蜜样品中挥发性成分的鉴定与半定量

RT/min	化合物	得分	RIref	RIexp	LOH /（mg/kg）	ACH /（mg/kg）	ATH /（mg/kg）	LIH /（mg/kg）	CHH /（mg/kg）
5.88	辛烷	91	816	813	0.02 ± 0.05	0.35 ± 0.05	0.00 ± 0.00	0.00 ± 0.00	0.42 ± 0.04
6.17	2,3-丁二醇	97	—	815	0.00 ± 0.00	0.00 ± 0.00	0.03 ± 0.02	0.07 ± 0.12	0.00 ± 0.00
8.26	(*E*)-3-己烯-1-醇	93	868	868	0.00 ± 0.00	0.00 ± 0.00	0.00 ± 0.00	0.00 ± 0.00	0.24 ± 0.05
8.94	甲酸己酯	95	896	892	0.13 ± 0.03	0.00 ± 0.00	0.61 ± 0.21	0.00 ± 0.00	0.00 ± 0.00
10.40	3-乙基-2-戊醇	90	—	899	0.28 ± 0.04	0.00 ± 0.00	0.00 ± 0.00	0.00 ± 0.00	0.00 ± 0.00
10.41	5-甲基-2-己醇	96	—	901	0.00 ± 0.00	0.00 ± 0.00	0.82 ± 0.20	0.00 ± 0.00	0.00 ± 0.00
13.23	苯甲醛	95	959	961	0.00 ± 0.00	0.00 ± 0.00	0.00 ± 0.00	0.07 ± 0.07	0.44 ± 0.07
14.01	1-庚醇	95	968	969	0.62 ± 0.08	0.00 ± 0.00	0.42 ± 0.09	0.00 ± 0.00	0.00 ± 0.00
14.48	1-辛烯-3-醇	96	978	980	0.00 ± 0.00	0.00 ± 0.00	0.00 ± 0.00	0.00 ± 0.00	0.11 ± 0.01
15.31	3-辛醇	89	991	991	0.00 ± 0.00	0.00 ± 0.00	0.00 ± 0.00	0.00 ± 0.00	0.05 ± 0.01
15.63	己酸乙酯	89	998	1001	0.00 ± 0.00	0.00 ± 0.00	0.07 ± 0.06	0.00 ± 0.00	0.00 ± 0.00
15.66	辛醛	94	1000	1002	0.01 ± 0.01	0.13 ± 0.20	0.00 ± 0.00	0.00 ± 0.00	0.07 ± 0.01

续表

RT/min	化合物	得分	RIref	RIexp	LOH /（mg/kg）	ACH /（mg/kg）	ATH /（mg/kg）	LIH /（mg/kg）	CHH /（mg/kg）
15.77	(*E*)-(3,3-二甲基环己亚基)-乙醛	—	—	1004	0.00 ± 0.00	0.00 ± 0.00	0.00 ± 0.00	0.21 ± 0.37	0.00 ± 0.00
16.64	4-异丙基甲苯	91	1023	1021	0.00 ± 0.00	0.00 ± 0.00	0.00 ± 0.00	0.18 ± 0.10	0.00 ± 0.00
16.65	间异丙基甲苯	93	1023	1021	0.00 ± 0.00	0.00 ± 0.00	0.00 ± 0.00	0.00 ± 0.00	0.03 ± 0.01
16.85	D-柠檬烯	91	—	1025	0.00 ± 0.00	0.01 ± 0.00	0.00 ± 0.00	0.00 ± 0.00	0.11 ± 0.02
17.07	2-乙基-1-己醇	96	1028	1030	0.10 ± 0.02	0.07 ± 0.02	0.06 ± 0.02	0.06 ± 0.02	0.06 ± 0.03
17.21	苯甲醇	95	1032	1032	0.00 ± 0.00	0.00 ± 0.00	0.02 ± 0.02	0.05 ± 0.01	0.01 ± 0.03
17.62	苯乙醛	97	1041	1041	0.00 ± 0.00	0.00 ± 0.00	0.00 ± 0.00	0.10 ± 0.03	2.17 ± 0.19
18.49	5-(1-甲基丙基)-壬烷	84	—	1058	0.04 ± 0.01	0.00 ± 0.00	0.00 ± 0.00	0.00 ± 0.00	0.00 ± 0.00
18.51	5-(2-甲基丙基)-壬烷	92	—	1058	0.00 ± 0.00	0.08 ± 0.03	0.11 ± 0.01	0.00 ± 0.00	0.00 ± 0.00
19.18	顺-芳樟醇氧化物	97	1078	1071	0.09 ± 0.04	0.67 ± 0.36	1.02 ± 0.14	0.00 ± 0.00	0.00 ± 0.00
19.18	反-芳樟醇氧化物	96	1081	1071	0.00 ± 0.01	0.19 ± 0.10	0.39 ± 0.06	1.29 ± 0.73	1.86 ± 0.50
20.65	芳樟醇	95	1100	1100	0.26 ± 0.08	0.85 ± 0.15	0.00 ± 0.00	0.47 ± 0.07	1.68 ± 0.25
20.67	乙二酸-2-乙基己基酯	82	—	1101	0.00 ± 0.00	0.00 ± 0.00	0.66 ± 0.06	0.00 ± 0.00	0.00 ± 0.00
20.88	二氢芳樟醇	92	1107	1105	0.00 ± 0.00	0.00 ± 0.00	0.00 ± 0.00	0.99 ± 0.46	0.00 ± 0.00
20.96	壬醛	92	1106	1107	0.36 ± 0.17	1.13 ± 0.57	0.00 ± 0.00	0.00 ± 0.00	1.59 ± 0.19
21.10	3,8-二甲基-十一烷	90	—	1109	0.00 ± 0.00	0.00 ± 0.00	0.00 ± 0.00	0.00 ± 0.00	0.02 ± 0.00
21.19	（2*S*-顺)-四氢化-4-甲基-2-(2-甲基-1-丙烯基)-2*H*-吡喃	82	1114	1111	0.00 ± 0.00	0.00 ± 0.00	0.00 ± 0.00	0.89 ± 0.25	0.00 ± 0.00
21.20	苯乙醇	90	1115	1111	0.10 ± 0.04	0.19 ± 0.07	0.11 ± 0.01	0.00 ± 0.00	0.13 ± 0.03
21.40	乙酸庚酯	88	1115	1115	0.04 ± 0.00	0.00 ± 0.00	0.02 ± 0.01	0.00 ± 0.00	0.00 ± 0.00
21.50	异佛尔酮	94	1118	1118	0.00 ± 0.00	0.00 ± 0.00	0.00 ± 0.00	0.22 ± 0.11	0.10 ± 0.07
21.51	1-(2-甲基丁基)-1-(1-甲基丙基)-环丙烷	89	—	1118	0.02 ± 0.00	0.04 ± 0.02	0.00 ± 0.00	0.00 ± 0.00	0.00 ± 0.00
21.51	4,5-二氢-5,5-二甲基-4-异亚丙基-1*H*-吡唑	84	—	1118	0.00 ± 0.00	0.00 ± 0.00	0.11 ± 0.01	0.00 ± 0.00	0.00 ± 0.00
21.96	反式-玫瑰醚	82	1126	1127	0.00 ± 0.00	0.00 ± 0.00	0.00 ± 0.00	0.52 ± 0.12	0.00 ± 0.00
21.97	辛酸甲酯	87	1110	1127	0.08 ± 0.06	0.14 ± 0.06	0.00 ± 0.00	0.00 ± 0.00	0.21 ± 0.02

续表

RT/min	化合物	得分	RIref	RIexp	LOH /（mg/kg）	ACH /（mg/kg）	ATH /（mg/kg）	LIH /（mg/kg）	CHH /（mg/kg）
22.74	2,6,6-三甲基-2-环己烯-1,4-二酮	90	1144	1143	0.00±0.00	0.03±0.01	0.02±0.01	0.00±0.00	0.00±0.00
23.02	1-(1,4-二甲基-3-环己烯-1-基)乙酮	84	1149	1148	0.00±0.00	0.00±0.00	0.03±0.01	0.07±0.08	0.00±0.00
23.14	丁香醛 B	91	1154	1151	0.00±0.00	0.01±0.01	0.01±0.01	0.11±0.06	0.26±0.14
23.30	2-乙基己基乙酸酯	96	1159	1154	0.03±0.01	0.09±0.07	0.00±0.00	0.00±0.00	0.03±0.03
23.60	(*E*)-2-壬烯醛	92	1162	1160	0.00±0.01	0.02±0.00	0.00±0.00	0.00±0.00	0.00±0.00
23.67	薄荷呋喃	92	1165	1162	0.00±0.00	0.00±0.00	0.00±0.00	0.28±0.41	0.00±0.00
24.03	2,2,6-三甲基-6-乙烯基四氢-2*H*-呋喃-3-醇	95	1169	1169	0.01±0.00	0.04±0.01	0.00±0.00	0.00±0.00	0.00±0.00
24.25	1-壬醇	91	1173	1173	0.36±0.03	0.27±0.39	0.15±0.05	0.14±0.09	0.04±0.01
24.34	(-)-4-萜品醇	86	1182	1175	0.00±0.00	0.00±0.00	0.00±0.00	0.22±0.13	0.03±0.01
24.50	辛酸	93	1180	1178	0.00±0.00	0.02±0.00	0.02±0.00	0.00±0.00	0.02±0.01
24.80	2-(4-甲基苯基)丙-2-醇	89	1183	1184	0.00±0.00	0.00±0.00	0.00±0.00	0.00±0.00	0.03±0.01
24.89	3,9-环氧-对-甲基-1,8(10)-癸二烯	85	1199	1186	0.00±0.00	0.00±0.00	0.00±0.00	0.29±0.18	0.00±0.00
25.03	α-松油醇	94	1190	1189	0.00±0.01	0.05±0.01	0.07±0.01	0.00±0.00	0.26±0.02
25.09	2,6-二甲基-3,7-辛二烯-2,6-二醇	89	1190	1190	0.00±0.00	0.00±0.00	0.00±0.00	0.14±0.04	0.00±0.00
25.20	4-异亚丙基-环己醇	85	—	1193	0.00±0.00	0.00±0.00	0.00±0.00	0.03±0.02	0.00±0.00
25.43	藏红花醛	93	1201	1197	0.00±0.00	0.00±0.00	0.00±0.00	0.05±0.02	0.00±0.00
25.61	十二烷	96	1200	1201	0.49±0.03	0.59±0.13	0.75±0.08	0.00±0.00	0.46±0.09
25.76	1-甲基-4-(1-甲基丙基)-苯	91	1191	1204	0.00±0.00	0.00±0.00	0.00±0.00	0.06±0.03	0.00±0.00
25.87	癸醛	93	1206	1206	0.05±0.04	0.20±0.11	0.01±0.01	0.08±0.02	0.42±0.05
26.13	5-丁基-壬烷	85	1204	1212	0.02±0.00	0.03±0.01	0.00±0.00	0.00±0.00	0.00±0.00
26.21	富马酸二(环己基-3-烯基甲基)酯	90	—	1214	0.00±0.00	0.00±0.00	0.02±0.01	0.00±0.00	0.03±0.02
26.31	α,4-二甲基-3-环己烯-1-乙醛	84	1224	1216	0.00±0.00	0.00±0.00	0.03±0.00	0.00±0.00	0.00±0.00
26.33	6,6-二甲基环辛-2,4-二烯酮	86	—	1217	0.00±0.00	0.00±0.00	0.00±0.00	0.00±0.00	0.04±0.05

续表

RT/min	化合物	得分	RIref	RIexp	LOH /（mg/kg）	ACH /（mg/kg）	ATH /（mg/kg）	LIH /（mg/kg）	CHH /（mg/kg）
26.81	壬酸甲酯	92	1225	1227	0.07 ± 0.08	0.26 ± 0.05	0.00 ± 0.00	0.31 ± 0.03	0.49 ± 0.05
26.83	8,11,14-二十碳三烯酸甲酯	82	—	1227	0.00 ± 0.00	0.00 ± 0.00	0.07 ± 0.01	0.00 ± 0.00	0.00 ± 0.00
26.96	香茅醇	93	1228	1230	0.00 ± 0.00	0.00 ± 0.00	0.00 ± 0.00	0.27 ± 0.09	0.00 ± 0.00
27.17	异香叶醇	91	1236	1234	0.00 ± 0.00	0.00 ± 0.00	0.00 ± 0.00	0.00 ± 0.00	0.11 ± 0.01
27.26	4-乙酰基-1-甲基-环己烯	81	1137	1236	0.00 ± 0.00	0.00 ± 0.00	0.00 ± 0.00	0.06 ± 0.01	0.00 ± 0.00
27.34	4-异丙基苯甲醛	—	1239	1238	0.22 ± 0.04	0.00 ± 0.00	0.00 ± 0.00	0.11 ± 0.11	0.00 ± 0.00
27.69	苯乙酸乙酯	85	1246	1246	0.00 ± 0.00	0.00 ± 0.00	0.03 ± 0.02	0.08 ± 0.07	0.00 ± 0.00
28.17	香叶醇	88	1255	1256	0.00 ± 0.00	0.00 ± 0.00	0.00 ± 0.00	0.21 ± 0.07	0.00 ± 0.00
28.18	橙花醇	—	1260	1256	0.00 ± 0.00	0.00 ± 0.00	0.00 ± 0.00	0.00 ± 0.00	0.03 ± 0.01
28.23	2-苯乙醇乙酸酯	97	1258	1257	0.51 ± 0.05	0.15 ± 0.36	0.55 ± 0.05	0.12 ± 0.04	0.00 ± 0.00
28.78	水杨酸乙酯	92	1269	1269	0.00 ± 0.00	0.00 ± 0.00	0.02 ± 0.00	0.00 ± 0.00	0.00 ± 0.00
28.88	2-异丙烯基-5-甲基己基-4-烯醛	89	—	1271	0.00 ± 0.00	0.00 ± 0.00	0.00 ± 0.00	0.27 ± 0.06	0.00 ± 0.00
28.88	2-亚甲基-环戊烷丙醇	86	—	1271	0.00 ± 0.00	0.00 ± 0.00	0.06 ± 0.00	0.00 ± 0.00	0.00 ± 0.00
28.91	(-)-顺式-桃金娘烷醇	81	—	1272	0.00 ± 0.00	0.00 ± 0.00	0.00 ± 0.00	0.00 ± 0.00	0.03 ± 0.01
28.99	1-癸醇	88	1273	1274	0.05 ± 0.01	0.17 ± 0.13	0.00 ± 0.00	0.00 ± 0.00	0.00 ± 0.00
29.18	壬酸	87	1273	1278	0.04 ± 0.01	0.07 ± 0.02	0.00 ± 0.00	0.10 ± 0.07	0.19 ± 0.08
29.35	5-甲基-5-丙基-壬烷	87	—	1281	0.00 ± 0.00	0.03 ± 0.00	0.00 ± 0.00	0.00 ± 0.00	0.00 ± 0.00
29.36	丙酸茴香酯	81	1290	1282	0.14 ± 0.01	0.00 ± 0.00	0.00 ± 0.00	0.00 ± 0.00	0.00 ± 0.00
29.47	3,3,6-三甲基-4,5-庚二烯-2-酮	85	—	1284	0.00 ± 0.00	0.00 ± 0.00	0.00 ± 0.00	0.15 ± 0.12	0.00 ± 0.00
29.65	2-甲基-5-异丙基苯酚	89	1297	1288	0.00 ± 0.00	0.00 ± 0.00	0.00 ± 0.00	0.18 ± 0.27	0.00 ± 0.00
29.74	2,6,10,15-四甲基十七烷	91	—	1290	0.01 ± 0.01	0.01 ± 0.01	0.00 ± 0.00	0.00 ± 0.00	0.00 ± 0.00
29.89	1-己基-3-甲基环戊烷	85	—	1293	0.02 ± 0.01	0.00 ± 0.00	0.00 ± 0.00	0.00 ± 0.00	0.00 ± 0.00
30.08	2-二硝基苯乙烯	96	1302	1297	0.05 ± 0.01	0.00 ± 0.00	0.00 ± 0.00	0.00 ± 0.00	0.00 ± 0.00
29.90	6-甲基-2-十一碳烯	84	—	1293	0.00 ± 0.00	0.00 ± 0.00	0.00 ± 0.00	0.00 ± 0.00	0.02 ± 0.01
30.15	壬酸乙酯	84	1296	1298	0.00 ± 0.00	0.00 ± 0.00	0.04 ± 0.01	0.00 ± 0.00	0.00 ± 0.00

续表

RT/min	化合物	得分	RIref	RIexp	LOH /（mg/kg）	ACH /（mg/kg）	ATH /（mg/kg）	LIH /（mg/kg）	CHH /（mg/kg）
30.27	十五烷	93	—	1301	0.00±0.00	0.00±0.00	0.46±0.09	0.00±0.00	0.46±0.06
30.28	十六烷	93	—	1302	0.45±0.04	0.51±0.06	0.00±0.00	0.54±0.07	0.00±0.00
31.16	3-十七醇	86	—	1321	0.00±0.00	0.00±0.00	0.00±0.00	0.15±0.09	0.00±0.00
31.21	3,7-二甲基-6-辛烯酸	87	1322	1323	0.00±0.00	0.00±0.00	0.00±0.00	0.62±0.14	0.04±0.03
31.41	癸酸甲酯	91	1325	1327	0.03±0.02	0.06±0.01	0.00±0.00	0.00±0.00	0.10±0.01
31.62	3-羟基-十三酸-乙酯	82	—	1332	0.00±0.00	0.00±0.00	0.07±0.01	0.00±0.00	0.00±0.00
31.69	3,7-二甲基-6-辛烯酸乙酯	89	—	1334	0.00±0.00	0.00±0.00	0.00±0.00	0.61±0.16	0.00±0.00
31.92	3,7,11,15-四甲基-1-己二烯-3-醇	87	—	1339	0.00±0.00	0.00±0.00	0.00±0.00	0.45±0.32	0.00±0.00
32.02	庚基环己烷	96	1344	1341	0.01±0.00	0.01±0.00	0.00±0.00	0.00±0.00	0.00±0.00
32.22	3,5-二甲基-2-辛烷	86	—	1346	0.00±0.00	0.00±0.00	0.00±0.00	0.14±0.12	0.00±0.00
32.74	丁香酚	95	1357	1358	0.00±0.00	0.00±0.00	0.00±0.00	0.00±0.00	0.10±0.02
33.06	2,3-二甲基-三环[2.2.1.0（2,6）]庚-3-甲醇	86	—	1365	0.00±0.00	0.00±0.00	0.00±0.00	0.13±0.06	0.00±0.00
33.34	癸酸	89	1373	1371	0.00±0.00	0.01±0.01	0.00±0.00	0.00±0.00	0.03±0.01
33.41	2-癸烯酸甲酯	81	—	1373	0.00±0.00	0.00±0.00	0.00±0.00	0.52±0.30	0.00±0.00
33.44	对甲氧基苯甲酸甲酯	94	1373	1373	0.07±0.01	0.00±0.00	0.00±0.00	0.00±0.00	0.00±0.00
33.50	(*E*)-3,7-二甲基-2,6-辛二烯酸	92	1358	1375	0.00±0.00	0.00±0.00	0.00±0.00	2.76±0.89	0.05±0.08
33.64	(2*Z*)-3,7-二甲基辛基-2,6-二烯酸	88	1352	1378	0.00±0.00	0.00±0.00	0.00±0.00	0.29±0.20	0.00±0.00
33.92	大马士酮	93	1386	1384	0.01±0.01	0.03±0.01	0.04±0.01	0.97±0.34	0.18±0.10
34.64	十四烷	93	1400	1401	0.02±0.00	0.02±0.00	0.03±0.00	0.04±0.02	0.02±0.01
35.00	7-表-顺式-倍半桧烯-水合物	80	—	1409	0.00±0.00	0.02±0.01	0.00±0.00	0.00±0.00	0.00±0.00
35.01	双表-*α*-雪松烯	94	1404	1410	0.00±0.00	0.00±0.00	0.04±0.01	0.00±0.00	0.00±0.00
35.36	石竹烯	96	1419	1418	0.00±0.00	0.00±0.00	0.00±0.00	0.00±0.00	0.25±0.03
36.57	1-环戊基正二十烷	92	—	1447	0.00±0.00	0.01±0.00	0.00±0.00	0.00±0.00	0.00±0.00
36.66	4-甲氧基苯甲酸乙酯	95	1450	1449	0.01±0.00	0.00±0.00	0.00±0.00	0.00±0.00	0.00±0.00

续表

RT/min	化合物	得分	RIref	RIexp	LOH /（mg/kg）	ACH /（mg/kg）	ATH /（mg/kg）	LIH /（mg/kg）	CHH /（mg/kg）
37.22	3-羟基癸酸甲酯	86	1446	1463	0.00 ± 0.00	0.00 ± 0.00	0.00 ± 0.00	0.06 ± 0.03	0.00 ± 0.00
38.86	2-(甲氧基甲基)-2-苯基-1,3-二氧戊烷	82	—	1503	0.00 ± 0.00	0.02 ± 0.01	0.00 ± 0.00	0.00 ± 0.00	0.00 ± 0.00
39.26	2,4-二叔丁基苯酚	88	1513	1513	0.00 ± 0.00	0.00 ± 0.00	0.02 ± 0.03	0.13 ± 0.14	0.00 ± 0.00
39.80	月桂酸甲酯	91	1526	1527	0.01 ± 0.00	0.03 ± 0.01	0.00 ± 0.00	0.06 ± 0.05	0.01 ± 0.01
42.54	月桂酸乙酯	94	1595	1596	0.00 ± 0.00	0.00 ± 0.00	0.02 ± 0.01	0.00 ± 0.00	0.00 ± 0.00
42.62	雪松醇	92	1631	1599	0.00 ± 0.00	0.07 ± 0.02	0.18 ± 0.03	0.09 ± 0.05	0.12 ± 0.02
46.22	十七烷	93	—	1700	0.02 ± 0.01	0.03 ± 0.01	0.00 ± 0.00	0.03 ± 0.00	0.08 ± 0.02
46.88	肉豆蔻酸甲酯	95	1727	1730	0.01 ± 0.00	0.00 ± 0.00	0.02 ± 0.01	0.02 ± 0.00	0.01 ± 0.00
48.35	十五酸乙酯	92	—	1796	0.00 ± 0.00	0.00 ± 0.00	0.06 ± 0.01	0.00 ± 0.00	0.00 ± 0.00
49.23	6,10,14-三甲基-2-十五烷酮	94	—	1795	0.00 ± 0.00	0.02 ± 0.01	0.00 ± 0.00	0.01 ± 0.00	0.00 ± 0.00
49.61	邻苯二甲酸二异丁酯	93	—	1872	0.00 ± 0.00	0.00 ± 0.00	0.00 ± 0.00	0.00 ± 0.00	0.00 ± 0.00
50.07	二十一烷	90	—	1900	0.00 ± 0.00	0.01 ± 0.01	0.00 ± 0.00	0.00 ± 0.00	0.00 ± 0.00
50.44	棕榈酸甲酯	95	1926	1929	0.03 ± 0.01	0.07 ± 0.02	0.05 ± 0.03	0.08 ± 0.01	0.00 ± 0.00
50.88	十五酸	91	1873	1962	0.00 ± 0.00	0.00 ± 0.00	0.00 ± 0.00	0.00 ± 0.00	0.01 ± 0.00
51.33	棕榈酸乙酯	94	1993	1996	0.00 ± 0.00	0.00 ± 0.00	0.09 ± 0.01	0.01 ± 0.00	0.00 ± 0.00
52.20	7-异丙基-1,1,4a-三甲基-2,3,4,9,10,10a-六氢菲	86	2074	2071	0.00 ± 0.00	0.00 ± 0.00	0.00 ± 0.00	0.00 ± 0.00	0.01 ± 0.00
52.56	(*Z*)-9-十八烯酸甲酯	92	2098	2129	0.00 ± 0.00	0.04 ± 0.02	0.00 ± 0.00	0.00 ± 0.00	0.00 ± 0.00
52.56	(*Z*)-6-十八烯酸甲酯	93	2105	2130	0.02 ± 0.02	0.00 ± 0.00	0.00 ± 0.00	0.08 ± 0.04	0.06 ± 0.01
52.58	亚麻酸甲酯	92	2100	2132	0.00 ± 0.00	0.00 ± 0.00	0.02 ± 0.01	0.00 ± 0.00	0.00 ± 0.00
52.83	硬脂酸甲酯	92	2132	2156	0.00 ± 0.00	0.01 ± 0.00	0.00 ± 0.00	0.01 ± 0.00	0.00 ± 0.00
53.17	(*Z*)-十八碳-9-烯醛	95	2186	2189	0.00 ± 0.00	0.01 ± 0.00	0.00 ± 0.00	0.00 ± 0.00	0.00 ± 0.00
53.20	十八碳二烯酸甘油三酯(反式-9,12)	95	—	2193	0.00 ± 0.00	0.00 ± 0.00	0.02 ± 0.01	0.00 ± 0.00	0.00 ± 0.00
53.27	(*Z*，*Z*，*Z*)-9,12,15-十八烷三烯酸乙酯	88	2179	2199	0.00 ± 0.00	0.00 ± 0.00	0.05 ± 0.01	0.00 ± 0.00	0.00 ± 0.00
53.32	反油酸乙酯	90	2174	2204	0.00 ± 0.00	0.00 ± 0.00	0.01 ± 0.00	0.00 ± 0.00	0.00 ± 0.00
54.28	顺式-9-二十三烯	95	2278	2276	0.00 ± 0.00	0.00 ± 0.00	0.00 ± 0.00	0.00 ± 0.00	0.00 ± 0.00
54.50	二十烷	95	—	2301	0.00 ± 0.00	0.02 ± 0.01	0.02 ± 0.00	0.03 ± 0.01	0.03 ± 0.00

5 种单花蜂蜜所鉴定的挥发性成分的半定量结果列在表 4-9 中，主要的挥发性成分包括甲酸己酯（0.61±0.21mg/kg）、5-甲基-2-己醇（0.82±0.20mg/kg）、1-庚醇（0.42±0.09mg/kg）、顺-芳樟醇氧化物（1.02±0.14mg/kg）、反-芳樟醇氧化物（0.39±0.06mg/kg）、乙二酸-2-乙基己基酯（0.66±0.06mg/kg）和 2-苯乙醇乙酸酯（0.55±0.05mg/kg）。

醇类和酯类是草果蜂蜜中最主要的两类挥发性化合物，分别占总量的 44.48% 和 33.30%（如图 4-15b 所示）。与其它 4 种单花蜂蜜不同，草果蜂蜜完全不含醛类化合物。草果果实中主要的挥发物为十一烷（5.74%）、2-异丙基甲苯（6.66%）、柠檬烯（22.77%）和桉油醇（23.87%）。根据目前的结果，草果蜂蜜的挥发性成分与草果果实的有很大区别。可能是因为蜂蜜的化学成分通常与其花蜜来源相近，而不是植物的果实。然而，由于草果花蜜很难获得，因此在本研究中未能将草果蜂蜜与花蜜的挥发性成分相比较。此外，蜂蜜的挥发性成分还取决于微生物和蜜蜂的活动，以及蜂蜜收获后的加工和贮存方式。所有这些因素共同促成了某种蜂蜜产品挥发性成分的独特性。

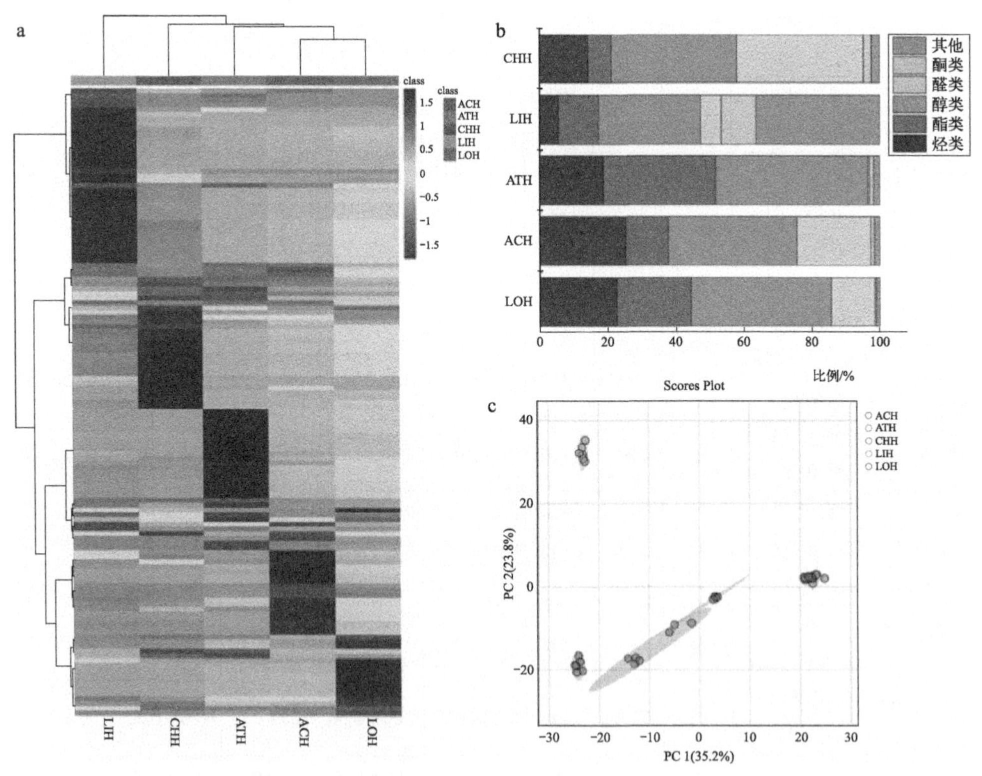

图 4-15 基于 GC-MS 分析结果的 5 种单花蜂蜜的挥发性成分比较

a—5 种单花蜂蜜的挥发性成分的热图；b—各单花蜂蜜中所鉴定挥发性化合物的化学类型的组成；c—5 种单花蜂蜜的主成分分析结果

（四）基于 OAV 和 OCR 分析草果蜂蜜的气味特征

接下来，针对 OAV ≥ 1 的化合物（表明它们对草果蜂蜜整体的香气贡献较大）进行排序。OAV 的计算是根据香气化合物的浓度与可感知气味的阈值的比值得出的。如表 4-10 所示，22 种气味化合物中有 9 种的 OAV>1。化合物 17 的 OAV 最高，为 3249.69，它为草果蜂蜜贡献了水果和花的香气。其次是化合物 20，它的 OAV 值为 357.29，具有清新的香气属性。化合物 17 已被鉴定为红茶、苦荞麦和柳属花蜜中的关键香气成分，而化合物 20 是油菜蜜中的特征挥发性成分。

表 4-10　草果蜂蜜中气味化合物的含量和 OAV 值

序号	化合物	浓度/（μg/g）	香气阈值/（μg/kg）	OAV/%	OCR/%	气味特征	气味类别	参考文献
1	2,3-丁二醇	0.03	120,000.00	<0.01	<0.01	干酪的	脂肪的	Lu et al.，2020
2	甲酸己酯	0.61	98.00	6.25	0.16	甜的，果香	甜的，果香	Zhu et al.，2022
3	1-庚醇	0.42	5.40	76.87	1.99	似草的	清新的	Zhu et al.，2022
4	己酸乙酯	0.07	115.82	0.60	0.02	苹果皮，果香	果香	Yang et al.，2010
5	2-乙基-1-己醇	0.06	300.00	0.20	0.01	新鲜的	清新的	Wang et al.，2022
6	苯甲醇	0.02	89.00	0.18	<0.01	胡桃	脂肪	Ruisinger et al.，2012
7	顺-芳樟醇氧化物	1.02	6.00	170.15	4.39	甜的，花香	甜的，花香	Ni et al.，2021
8	反-芳樟醇氧化物	0.39	103.00	3.80	0.10	烤的，甜的	甜的	Ni et al.，2021
9	苯乙醇	0.11	89.00	1.20	0.03	花香	花香	Ruisinger et al.，2012
10	1-壬醇	0.15	45.50	3.22	0.08	尘土味的，油性的	脂肪	Cai et al.，2021
11	辛酸	0.02	3000.00	0.01	<0.01	汗味	刺激性的	Zhang et al.，2023
12	α-松油醇	0.07	330.00	0.20	0.01	油性的，柑橘味的	脂肪，果香	Li et al.，2020
13	癸醛	0.01	9.30	1.32	0.03	柑橘味的	果香	Murray et al.，2020

续表

序号	化合物	浓度/（μg/g）	香气阈值/（μg/kg）	OAV/%	OCR/%	气味特征	气味类别	参考文献
14	苯乙酸乙酯	0.03	407.00	0.08	<0.01	玫瑰香的	花香	Gao et al.，2014
15	乙酸苯乙酯	0.55	909.00	0.61	0.02	枣香的	果香	Li et al.，2017
16	壬酸乙酯	0.04	3150.00	0.01	<0.01	果香，玫瑰香的，葡萄酒味	果香，花香	Gao et al.，2014
17	大马士酮	0.04	0.01	3249.69	83.93	果香，花香	果香，花香	Shi et al.，2021
18	2,4-二叔丁基苯酚	0.02	200.00	0.09	<0.01			Lu et al.，2020
19	月桂酸乙酯	0.02	1500.00	0.01	<0.01	花香	花香	Jiang et al.，2013
20	雪松醇	0.18	0.50	357.29	9.23	温和的雪松木般的清新香气	清新的	Zhu et al.，2018
21	棕榈酸甲酯	0.05	1000.00	0.05	<0.01			Pino et al.，2012
22	棕榈酸乙酯	0.09	2000.00	0.04	<0.01	蜡味的，果香，牛奶	脂肪，果香	Pino et al.，2012

新鲜草果中那些 OAV 值大于 1 的主要的气味化合物包括 1,8-桉树脑、（+）-*α*-蒎烯、（*E*）-2-辛烯醛、（*E*）-2-癸烯醛等，这些化合物主要贡献了桉叶和松香气味，完全不同于草果蜂蜜的关键气味化合物所表现出的花香和果香气味。与其它被报道的蜂蜜相比，草果蜂蜜中的气味成分整体具有较低的 OAV 值，这与草果蜂蜜温和清淡的香气特征相吻合。

OCR 是通过香气化合物的 OAV 除以该样品所有香气化合物 OAV 的总和而获得的，表明该物质对整体气味的贡献。化合物 17 的 OCR 最高，它对草果蜂蜜的整体香气的贡献最大。根据这些香气化合物的气味属性，草果蜂蜜中的香气成分主要分为五类，包括脂肪味、甜味、果香、清新和花香。根据每类型中各气味化合物 OCR 的总和获得了草果蜂蜜的风味轮图，图 4-16 显示了各个气味属性对草果蜂蜜整体气味的贡献。花香对草果蜂蜜整体的气味贡献最大，得分为 0.88，其次是水果香气，得分为 0.84。清新气味（0.11）、甜味（0.05）和脂肪气味（0.01）也参与贡献了草果蜂蜜整体香气。总体来说，草果蜂蜜的气味是温和的花香和果香，带有淡淡的清新、甜味和脂肪气味。

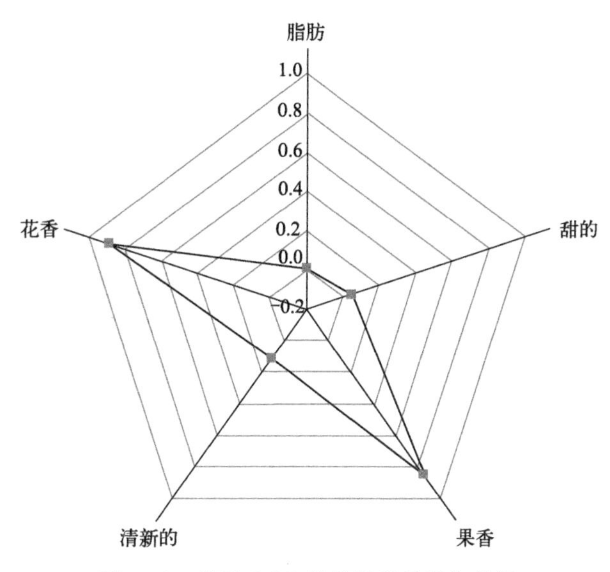

图 4-16 基于 OCR 的草果蜜的香气特征

二、草果蜂蜜活性成分的筛选和鉴定

（一）样品收集

本部分研究所用的蜂蜜样品与一、草果蜂蜜挥发性成分分析中所描述的蜂蜜样品是相同的。

（二）主要试验方法

（1）UHPLC-QE-MS（超高效液相色谱-四极杆轨道阱质谱）分析 采用简单的 QuEChERS 方法制备蜂蜜样品。具体是将每种蜂蜜样品 5.0g 溶于 5.0mL 水中，充分混合 5min 后，在样品溶液中加入 10mL 乙腈，振荡 10min 后在离心管中加入 4.0g 硫酸镁、1.0g 氯化钠、1.0g 二水合柠檬酸钠、0.5g 柠檬酸氢钠倍半水合物，充分振荡 5min 后 8000r/min 离心 10min，取上清液过 0.22μm 尼龙膜，准备进行后续分析。

UHPLC 结合 Q-Exactive Plus MS（Thermo，美国）进行非靶向代谢组学分析。采用 EclipsePlus C18 RRHD（3.0mm × 150mm，1.8μm）色谱柱进行色谱分离。流动相为 0.1%甲酸-5mmol/L 甲酸铵水溶液（C）和 0.1%甲酸-5mmol/L 甲酸铵甲醇溶液（B）。梯度洗脱条件为：0～1min，99% C；1～5min，99%～15% C；5～25min，15%～1% C；25～30min，1% C；30～31min，1%～99% C；31～35min，99% C，

流速为 0.25mL/min。进样量为 0.2μL。

质谱采用一级全扫描和二级两种模式进行分析。主要的质谱参数为：鞘气流速为 50Arb，辅助气体流速为 12Arb，毛细管温度为 330℃，MS 全扫描分辨率为 70000，MS 全扫描的 AGC target（目标）值为 3×10^6，二级扫描的分辨率为 17500，二级的 AGC target 为 1×10^5，二级隔离窗口为 4.0m/z，NCE 为 30，喷雾电压为 −3.5kV 或+4.0kV。

（2）特征化合物的制备　筛选的特征化合物采用制备型高效液相色谱（PHPLC，Agilent Technologies，USA）进行分离制备。紫外波长设为 320nm，分别用水（A）和甲醇（B）作为流动相进行梯度洗脱，具体程序为：0～3min，85% A；3～25min，85%～15% A；25～30min，15%～85% A，后运行时间为 5min。收集 17.6～21.6min 的制备液并用 UHPLC-QE-MS 进行目标化合物的检测。

（3）NMR 分析　利用核磁共振质谱分析目标化合物的结构。将 8mg 制备的目标化合物溶于 500μL 的 DMSO-d6（二甲基亚砜-d6）中。^{1}H 和 ^{13}C 谱使用 Bruker（Rheinstetten，Germany）的 Avance Ⅲ HDX 600 MHz Ascend 核磁共振仪获得。

（4）UHPLC-MS/MS 分析　在 1290 系列 UHPLC 系统和 6495 串联质谱仪（Agilent，Palo Alto，CA，USA）的负离子模式下，采用新开发的 UHPLC-MS/MS 方法对目标化合物进行定量。选用 ACQUITY UPLC BEH C18（2.1μm × 50mm，1.7μm）进行色谱分离。流动相为 0.1%甲酸水溶液（A）和甲醇（B），梯度洗脱过程为：0～1min，10% B；1～5min，10%～90% B；5～6min，90% B；6～6.5min，90%～10% B；6.5～8.5min，10% B。柱温设为 40℃，进样量为 2μL，采用优化好的 MRM 对目标化合物进行定量，具体参数见结果与分析部分。质谱条件为：干燥气温度为 250℃，干燥气流速为 11L/min，雾化气压力为 40psi，鞘气温度和流速分别为 350℃和 12L/min，正、负毛细管电压分别为 3000 V 和 3500 V，正、负喷嘴电压分别为 0 V 和 500 V。

（5）数据处理　使用 Compound Discoverer Software v.3.1（Thermo Scientific）对 UHPLC-QE-MS 原始数据进行对齐、提取和鉴定。UHPLC-MS/MS 数据采用 Agilent MassHunter 定量分析软件进行处理。使用MetaboAnalyst 5.0 实施多元统计分析。

（三）基于代谢组学技术筛选草果蜂蜜的特征化合物

与挥发性成分相比，非挥发性成分在评价单花蜂蜜的真实性方面更为稳定和可靠。采用非靶向代谢组学策略，通过 UHPLC-QE-MS 系统，分别在负离子和正离子模式下分析了 30 个蜂蜜样品的非挥发性成分，在 Compound Discoverer

Software v.3.1 软件处理后对其进行进一步分析。共提取到 4287 个离子，对这些特征离子用主成分分析对各单花蜂蜜进行区分，结果如图 4-17a 所示。所有 QC 样品聚在一起，表明所获得的质谱数据质量是可以接受的。5 种单花蜂蜜，每种都有 6 个重复，草果蜂蜜与刺槐、荆条和枇杷蜂蜜并不能完全区分开。这一结果与前面的挥发性成分的聚类结果相似。

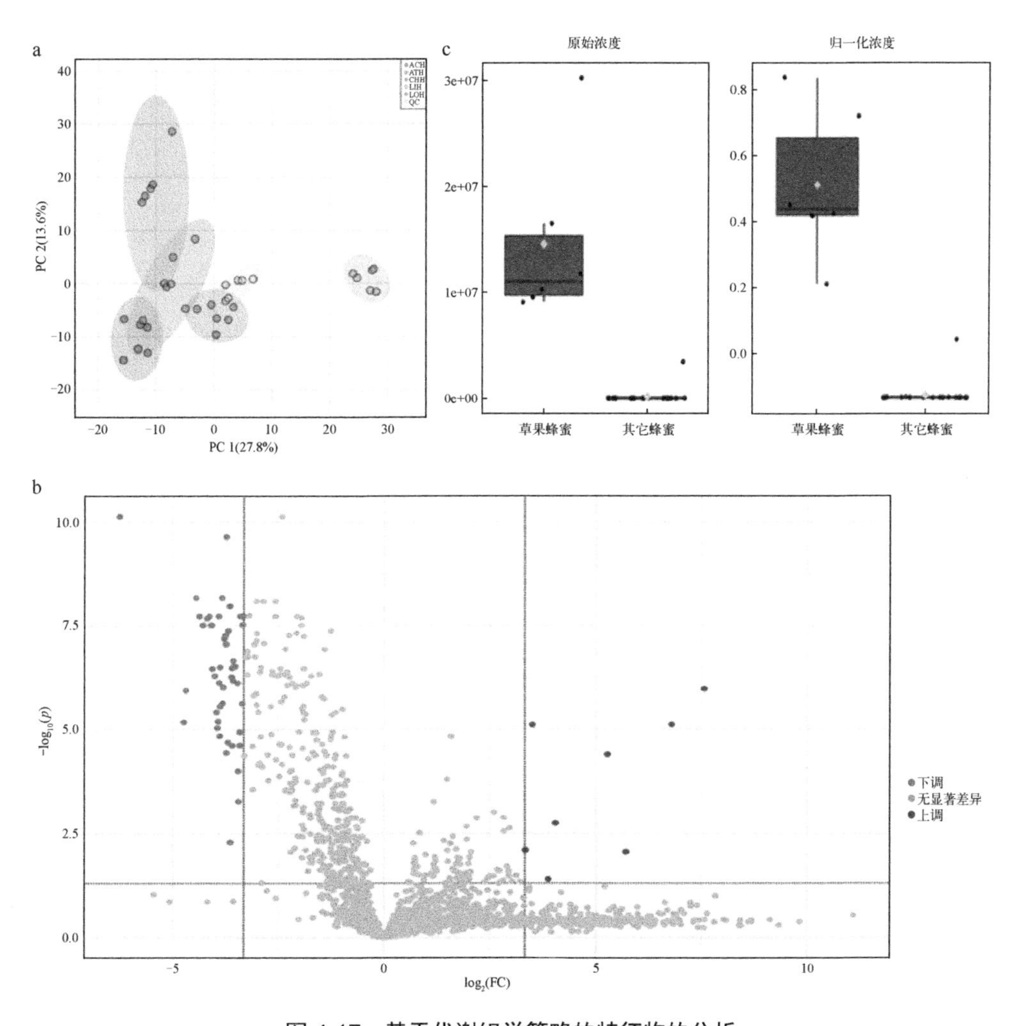

图 4-17　基于代谢组学策略的特征物的分析

a—基于主成分分析非挥发性成分对五种单花蜂蜜进行分组；b—基于火山图筛选草果蜂蜜的特征化合物；c—草果蜂蜜特征化合物在草果蜂蜜和其它蜂蜜中的含量差异

为了筛选可鉴定草果蜂蜜的特征化合物，进行了 Fold change（差异倍数）和

t 检验分析，结果显示在火山图中（图 4-17b）。能够代表且区分草果蜂蜜和其它蜂蜜的特征化合物应该在草果蜂蜜中含量高而在其它蜂蜜中含量低或不存在。当我们设定>10-fold 并且<0.05，获得 8 种化合物（草果蜂蜜与其它蜂蜜）。在这些上调的化合物中，4 个是以负离子模式检测到的，其质荷比分别为 213.1130、360.1122、547.2627 和 623.1629；4 个化合物是以正离子模式检测到的，其质荷比分别为 131.0491、265.1559、433.1120 和 531.2043。与其它 4 种单花蜂蜜相比，$[M-H]^-$为 m/z 623.1629 的特征离子仅存在于草果蜂蜜中（图 4-17c），它的保留时间是 18.129min。通过对该特征化合物的质谱进行解析（如图 4-18 所示），并与数据库中的化合物相比对，初步预测其为异鼠李素-3-*O*-新橙皮苷。

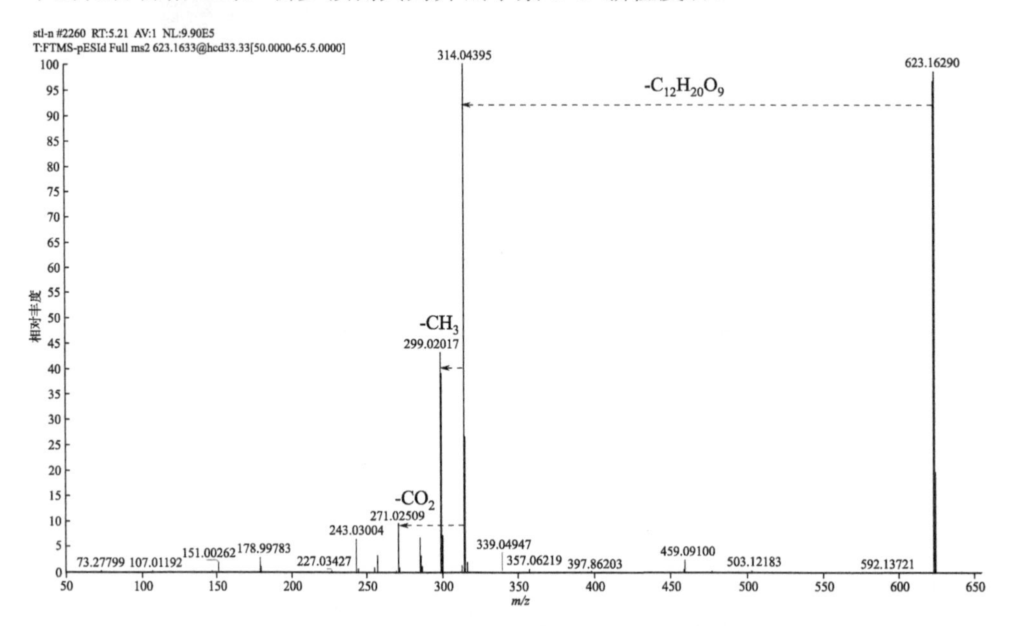

图 4-18 异鼠李素-3-O-新橙皮苷的二级质谱图

（四）草果蜂蜜中特征化合物的化学鉴定

为了准确鉴定所筛选草果蜂蜜的特征化合物的化学结构，我们制备了该特征化合物的纯品，并将其与异鼠李素-3-*O*-新橙皮苷的标品进行了比对。分别用高分辨质谱和核磁共振质谱分析了两者的结构。通过 PHPLC 从目标化合物浓度最高的草果蜂蜜样品中分离出特征化合物约 8mg。特征化合物的 QE-MS 二级质谱如图 4-18 所示。在负离子模式下，该特征化合物的母离子为 m/z 623.16290，预测其所对应的分子式为 $C_{28}H_{32}O_{16}$。该母离子中性丢失一个脱氧已糖-已糖（$C_{12}H_{20}O_9$）会产生一个子离子 m/z 314.0439，子离子 m/z 314.0439 进一步失去 CO_2 和 CH_3 分别产生

子离子 *m/z* 271.0251 和 299.0202。这些特征离子与之前 Du 等人报道的结果一致。

该特征化合物的核磁结果如下：^{1}H NMR（400 MHz，DMSO-d6）δ 12.62（s，1H），10.87（s，1H），9.78（s，1H），7.96（d，J = 2.0Hz，1H），7.50（dd，J = 8.4，2.0Hz，1H），6.92（d，J=8.4Hz，1H），6.45（d，J=2.0Hz，1H），6.21（d，J=2.0Hz，1H），5.77（d，J=7.6Hz，1H），5.32（d，J=5.6Hz，1H），5.04（d，J=8.0Hz，2H），4.61～4.40（m，4H），3.86（s，3H），3.72～3.71（m，2H），3.68～3.66（m，1H），3.48～3.41（m，3H），3.12～3.09（m，3H）；^{13}C NMR（100 MHz，DMSO-d6）δ 177.7，164.5，161.6，156.7，156.5，149.8，147.2，133.0，122.3，121.4，115.6，113.9，104.4，101.1，99.1，98.7，94.1，78.1，77.8，77.5，72.1，71.0，70.5，68.7，60.9，56.1，17.4。这些核磁结果完全支持了该特征化合物是异鼠李素-3-*O*-新橙皮苷的判断。此外，从草果蜂蜜中分离纯化的特征物与异鼠李素-3-*O*-新橙皮苷标准品具有相同的色谱和质谱行为。综上所述，我们确定异鼠李素-3-*O*-新橙皮苷就是适合鉴别草果蜂蜜的特征化合物。

异鼠李素-3-*O*-新橙皮苷是中药蒲黄的关键活性成分。蒲黄被用于缓解腹痛、坏疽和脓肿疼痛已有很长的历史。通过抑制脂质过氧化和羟自由基清除试验以及彗星试验证明从杨树叶中提取的异鼠李素-3-*O*-新橙皮苷具有抗氧化和抗基因毒性作用。近来，Yu 等人也证实了异鼠李素-3-*O*-新橙皮苷对破骨细胞生成的影响。在本研究中，我们首次在蜂蜜样品中鉴定出异鼠李素-3-*O*-新橙皮苷，这不仅有利于控制稀有草果蜂蜜的质量，还有助于揭示草果蜂蜜潜在的健康益处。

（五）UHPLC-MS/MS 定量草果蜂蜜中的特征物含量

为了准确定量草果蜂蜜中的异鼠李素-3-*O*-新橙皮苷，我们建立了 UHPLC-MS/MS 方法。根据异鼠李素-3-*O*-新橙皮苷的极性，如方法部分所述，确定反相色谱条件。在测试的 10eV、20eV、25eV、30eV、35eV、40eV、45eV、50eV、55eV 和 60eV 的碰撞能量中，40eV 和 55eV 产生的特征物的离子碎片丰度最高，子离子分别为 *m/z* 314.2 和 299.1。优化后的提取离子色谱图如图 4-19所示。

分别以 0.005mg/L、0.010mg/L、0.050mg/L、0.200mg/L、1.000mg/L、5.000mg/L 等浓度的异鼠李素-3-*O*-新橙皮苷溶液建立标准曲线。所得到的标准曲线方程为 y= 47.86x + 484.66（R^2 = 0.9999），其中 x 为异鼠李素-3-*O*-新橙皮苷含量，y 为峰面积。标准曲线的线性范围为 0.002～5.000mg/L，检出限为 0.001mg/L，定量限为 0.005mg/L。在 0.050mg/L、0.200mg/L 和 1.000mg/L 3 个浓度水平下，回收率均在 80.6%以上，RSD 为 1.6%～3.9%之间。日内精密度和日间精密度的偏差<4.2%，表明该方法具有令人满意的精密度。

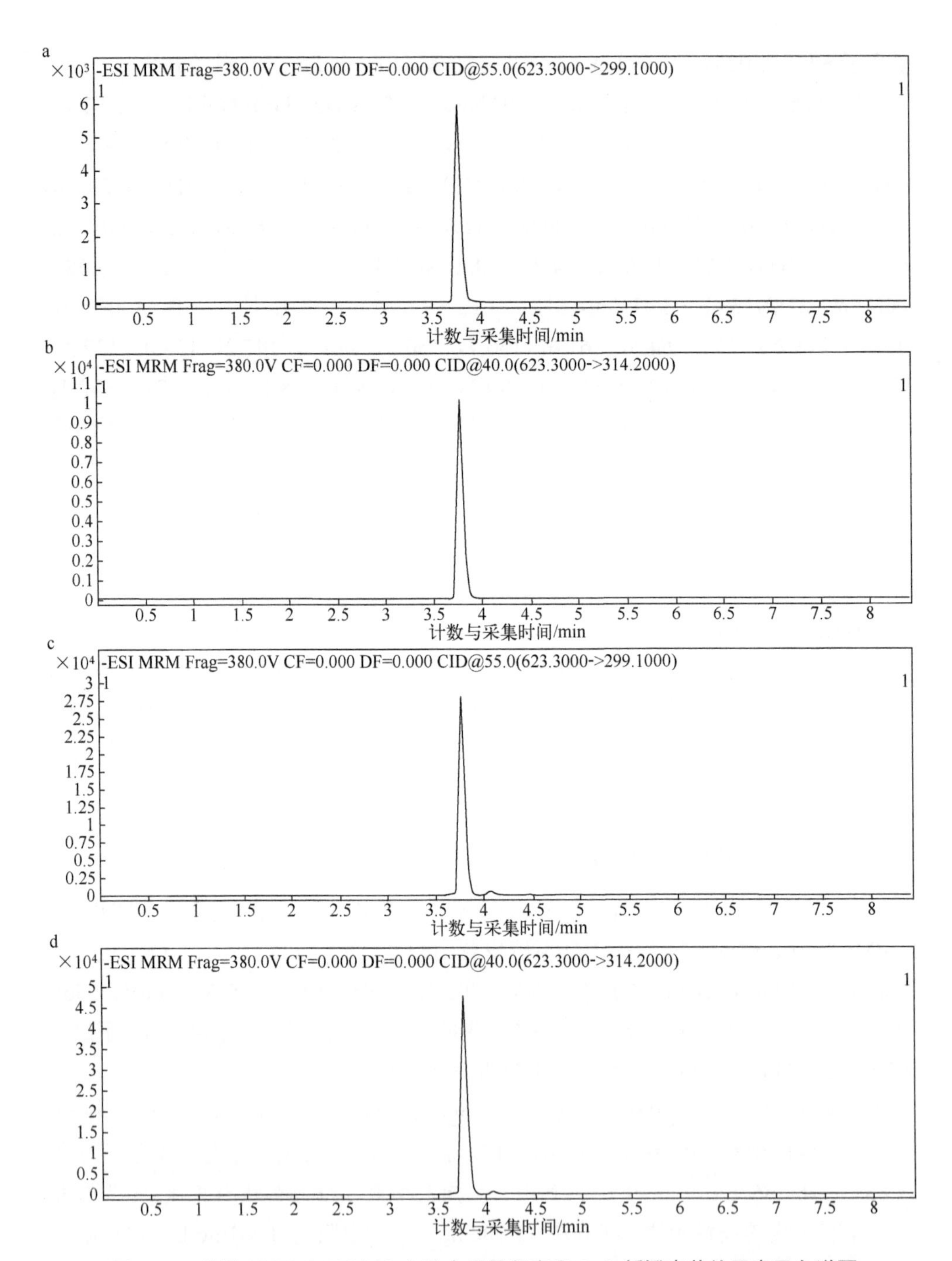

图 4-19　基于 UHPLC-MS/MS 方法定量异鼠李素-3-*O*-新橙皮苷的子离子色谱图

a—*m/z* 299.1 来源于异鼠李素-3-*O*-新橙皮苷；b—*m/z* 314.2 来源于异鼠李素-3-*O*-新橙皮苷；c—*m/z* 299.1 来源于草果蜂蜜样品；d—*m/z* 314.2 来源于草果蜂蜜样品

根据建立的测定蜂蜜样品中异鼠李素-3-*O*-新橙皮苷含量的方法，测定其在草果蜂蜜中的含量为3.62～9.38mg/kg，在其它蜂蜜样品中均未检出。因此异鼠李素-3-*O*-新橙皮苷可以作为鉴别草果蜂蜜的特征化合物。在草果蜂蜜储存1年期间，异鼠李素-3-*O*-新橙皮苷含量并无显著变化。我们试图比较草果蜂蜜与蒲黄或刺槐叶中异鼠李素-3-*O*-新橙皮苷的含量差异，然而，上述植物来源中的异鼠李素-3-*O*-新橙皮苷并没有可靠的定量信息。

本部分以稀有的米团花蜂蜜和草果蜂蜜为研究对象，筛选并鉴定出这两种特色蜂蜜的特征化合物，主要结果如下：

① 氨基酸-对苯醌化合物是米团花蜂蜜的主要呈色物质；芳樟醇是米团花蜂蜜的主要气味成分；丰富的水苏碱是米团花蜂蜜主要的活性成分。

② 大马士酮和雪松醇是草果蜂蜜香气的主要贡献物质；异鼠李素-3-*O*-新橙皮苷可作为草果蜂蜜的特征化合物对其质量进行控制。

参考文献

Agila A，Barringer S，2012. Application of selected ion flow tube mass spectrometry coupled with chemometrics to study the effect of location and botanical origin on volatile profile of unifloral american honeys[J]. Journal of Food Science，77（10）：1103-1108.

Al-Tamimi A，Khatib M，Pieraccini G，et al.，2019. Quaternary ammonium compounds in roots and leaves of Capparis spinosa L. from Saudi Arabia and Italy：investigation by HPLC-MS and H-1 NMR[J]. Natural Product Research，33（9）：1322-1328.

Anand S，Deighton M，Livanos G，et al.，2019. Agastache honey has superior antifungal activity in comparison with important commercial honeys[J]. Scientific Reports，9.

Becerril-Sánchez A L，Quintero-Salazar B，Dublán-García O，et al.，2021. Phenolic compounds in honey and their relationship with antioxidant activity，botanical origin，and color[J]. Antioxidants，10（11）：1700.

Becker V，Hui X，Nalbach L，et al.，2021. Linalool inhibits the angiogenic activity of endothelial cells by downregulating intracellular ATP levels and activating TRPM8[J]. Angiogenesis，24（3）：613-630.

Beiranvand S，Williams A，Long S，et al.，2021. Use of kinetic data to model potential antioxidant activity：Radical scavenging capacity of Australian Eucalyptus honeys[J]. Food Chemistry，342：128332.

Bobis O，Moise A R，Ballesteros I，et al.，2020. Eucalyptus honey：Quality parameters，chemical composition and health-promoting properties[J]. Food Chemistry，325：126870.

Bouhlel I，Skandrani I，Nefatti A，et al.，2009. Antigenotoxic and antioxidant activities of isorhamnetin 3-*O* neohesperidoside from Acacia salicina[J]. Drug and Chemical Toxicology，32（3）：258-267.

Chen H H，Wang S N，Cao T T，et al.，2020. Stachydrine hydrochloride alleviates pressure overload-induced heart failure and calcium mishandling on mice[J]. Journal of Ethnopharmacology，248：112306.

Chen X，Yan N，2021. Stachydrine inhibits TGF-β1-induced epithelial–mesenchymal transition in hepatocellular carcinoma cells through the TGF-β/Smad and PI3K/Akt/mTOR signaling pathways[J]. Anti-Cancer Drugs，32（8）：786-792.

Cheng F，Zhou Y X，Wang M，et al.，2020. A review of pharmacological and pharmacokinetic properties of stachydrine[J]. Pharmacological Research，155.

Costa A C V d，Sousa J M B，da Silva M A A P，et al.，2018. Sensory and volatile profiles of monofloral honeys produced by native stingless bees of the brazilian semiarid region[J]. Food Research International，105：110-120.

da Silva P M，Gauche C，Gonzaga L V，et al.，2016. Honey：Chemical composition，stability and authenticity[J]. Food Chemistry，196：309-323.

Deng J，Liu R，Lu Q，et al.，2018. Biochemical properties，antibacterial and cellular antioxidant activities of buckwheat honey in comparison to manuka honey[J]. Food Chemistry，252：243-249.

Devi A，Jangir J，Anu-Appaiah K A，2018. Chemical characterization complemented with chemometrics for the botanical origin identification of unifloral and multifloral honeys from India[J]. Food Research International，107：216-226.

Du L Y，Zhao M，Tao J H，et al.，2017. The metabolic profiling of isorhamnetin-3-O-neohesperidoside produced by human intestinal flora employing UPLC-Q-TOF/MS[J]. Journal of Chromatographic Science，55（3）：243-250.

Fernandez-Aparicio M，Masi M，Cimmino A，et al.，2021. Effects of Benzoquinones on Radicles of Orobanche and Phelipanche Species[J]. Plants-Basel，10（4）：746.

Ferreira V，Lopez R，Cacho J F，2000. Quantitative determination of the odorants of young red wines from different grape varieties[J]. Journal of the Science of Food and Agriculture，80（11）：1659-1667.

González-Ceballos L，Cavia M d M，Fernández-Muiño M A，et al.，2021. A simple one-pot determination of both total phenolic content and antioxidant activity of honey by polymer chemosensors[J]. Food Chemistry，342：128300.

Hansen D M，Olesen J M，Mione T，et al.，2007. Coloured nectar：distribution，ecology，and evolution of an enigmatic floral trait[J]. Biological Reviews，82（1）：83-111.

Hellwig M，Rückriemen J，Sandner D，et al.，2017. Unique pattern of protein-bound maillard reaction products in manuka（leptospermum scoparium） honey[J]. Journal of Agricultural and Food Chemistry，65（17）：3532-3540.

Juan-Borras M，Domenech E，Hellebrandova M，et al.，2014. Effect of country origin on physicochemical，sugar and volatile composition of acacia，sunflower and tilia honeys[J]. Food Research International，60：86-94.

Kang S Y，Yan H，Zhu Y，et al.，2019. Identification and quantification of key odorants in the world's four most famous black teas[J]. Food Research International，121：73-83.

Jerkovic I，Marijanovic Z，2010. Volatile composition screening of *Salix* spp. nectar honey：Benzenecarboxylic acids，norisoprenoids，terpenes，and others[J]. Chemistry & Biodiversity，7（9）：2309-2325.

Karabagias I K，Karabagias V K，Nayik G A，et al.，2022. A targeted chemometric evaluation of the volatile compounds of Quercus ilex honey in relation to its provenance[J]. LWT-Food Science and Technology，154：112588.

Karabagias I K，Karabournioti S，Karabagias V K，et al.，2020. Palynological，physico-chemical and bioactivity parameters determination，of a less common Greek honeydew honey："dryomelo"[J]. Food Control，109：106940.

Karabagias I K，Louppis A P，Karabournioti S，et al.，2017. Characterization and geographical discrimination of commercial Citrus spp. honeys produced in different Mediterranean countries based on minerals，volatile compounds and physicochemical parameters，using chemometrics[J]. Food Chemistry，217：445-455.

Karabagias V K，Karabagias I K， Gatzias I，2018. The impact of different heating temperatures on physicochemical，color attributes，and antioxidant activity parameters of Greek honeys[J]. Journal of Food Process Engineering，41（3）：12661-12669.

Kashiwadani H，Higa Y，Sugimura M，et al.，2021. Linalool odor-induced analgesia is triggered by TRPA1-independent pathway in mice[J]. Behavioral and Brain Functions，17（1）：3.

Kowalski S，Kopuncová M，Ciesarová Z，et al.，2017. Free amino acids profile of Polish and Slovak honeys based on LC-MS/MS method without the prior derivatisation[J]. Journal of Food Science and Technology，54（11）：3716-3723.

Kreck M，Mosandl A，2003. Synthesis，structure elucidation，and olfactometric analysis of lilac aldehyde and lilac alcohol stereoisomers[J]. Journal of Agricultural and Food Chemistry，51（9）：2722-2726.

Kuchta K，Volk R B，Rauwald H W，2013. Stachydrine in Leonurus cardiaca，Leonurus japonicus，Leonotis leonurus：detection and quantification by instrumental HPTLC and H-1-qNMR analyses[J]. Pharmazie，68（7）：534-540.

Li A，Hines K M， Xu L B，2020. Lipidomics by HILIC-Ion Mobility-Mass Spectrometry[J]. Ion Mobility-Mass Spectrometry：Methods and Protocols，119-132.

Liao L K，Yang S T，Li R Y，et al.，2022. Anti-inflammatory effect of essential oil from *Amomum Tsaoko* Crevost et Lemarie[J]. Journal of Functional Foods，93：105087.

Liu H C，Xu Y J，Wen J，et al.，2021. A comparative study of aromatic characterization of Yingde Black Tea infusions in different steeping temperatures[J]. LWT-Food Science and Technology，143：110860.

Lozano-Torres B，Carmen Martínez-Bisbal M，Soto J，et al.，2022. Monofloral honey authentication by voltammetric electronic tongue：A comparison with 1H NMR spectroscopy[J]. Food Chemistry，383：132460.

Łozowicka B，Kaczyński P， Iwaniuk P，2021. Analysis of 22 free amino acids in honey from Eastern Europe and Central Asia using LC-MS/MS technique without derivatization step[J]. Journal of Food Composition and Analysis，98：103837.

Luo S H，Liu Y，Hua J，et al.，2012. Unique proline–benzoquinone pigment from the colored nectar of “bird’s coca cola tree” functions in bird attractions[J]. Organic Letters，14（16）：4146-4149.

Machado A M，Tomás A，Russo-Almeida P，et al.，2022. Quality assessment of Portuguese monofloral honeys. Physicochemical parameters as tools in botanical source differentiation[J]. Food Research International，157：111362.

Machado De-Melo A A，Almeida-Muradian，L B d，Sancho M T，et al.，2018. Composition and properties of Apis mellifera honey：A review[J]. Journal of Apicultural Research，57（1）：5-37.

Mohammed M E A，2022. Factors affecting the physicochemical properties and chemical composition of bee’s honey[J]. Food Reviews International，38（6）：1330-1341.

Morocho V，Valarezo L P，Tapia D A，et al.，2021. A rare dirhamnosyl flavonoid and other radical-scavenging metabolites from cynophalla mollis（kunth） J. Presl and colicodendron scabridum（kunt） seem.（Capparaceae）of ecuador[J]. Chemistry & biodiversity，18（8）：e2100260.

Murray A F，Wickramasinghe P C K，Munafo J P，2020. Key odorants from the fragrant bolete，Suillus punctipes[J]. Journal of Agricultural and Food Chemistry，68（32）：8621-8628.

Ni H，Jiang，Q X，Lin Q，et al.，2021. Enzymatic hydrolysis and auto-isomerization during beta-glucosidase treatment improve the aroma of instant white tea infusion[J]. Food Chemistry，342：128565.

Noguerol-Pato R，Gonzalez-Barreiro C，Simal-Gandara J，et al.，2012. Active odorants in Mouraton grapes from shoulders and tips into the bunch[J]. Food Chemistry，133（4）：1362-1372.

Ozcan-sinir G，Copur，O U Barringer S A，2020. Botanical and geographical origin of Turkish honeys by selected-ion flow-tube mass spectrometry and chemometrics[J]. Journal of the ence of Food and Agriculture，100（5）：2198-2207.

Parasuraman V，Sharmin A M，Vijaya Anand M A，et al.，2022. Fabrication and bacterial inhibitory activity of essential oil linalool loaded biocapsules against Escherichia coli[J]. Journal of Drug Delivery Science and Technology，74：103495.

Pasias，I N，Raptopoulou K G，Makrigennis G，et al.，2022. Finding the optimum treatment procedure to delay honey crystallization without reducing its quality[J]. Food Chemistry，381：132301.

Piesik D，Delaney K J，Wenda-Piesik A，et al.，2013. Meligethes aeneus pollen-feeding suppresses，and oviposition induces，Brassica napus volatiles：beetle attraction/repellence to lilac aldehydes and veratrole[J]. Chemoecology，23（4）：241-250.

Pino J A，Quijano C E，2012. Study of the volatile compounds from plum（Prunus domestica L. cv. Horvin） and estimation of their contribution to the fruit aroma[J]. Ciencia E Tecnologia De Alimentos，32（1）：76-83.

Prakash A，Vadivel V，Rubini D，et al.，2019. Antibacterial and antibiofilm activities of linalool nanoemulsions against Salmonella Typhimurium[J]. Food Bioscience，28：57-65.

Rahman M R T，Lou Z X，Yu F H，et al.，2017. Anti-quorum sensing and anti-biofilm activity of *Amomum tsaoko*（*Amommum tsao-ko Crevost et Lemarie*）on foodborne pathogens[J]. Saudi Journal of Biological Sciences，24（2）：324-330.

Ranneh Y，Akim A M，Hamid H A，et al.，2021. Honey and its nutritional and anti-inflammatory value[J]. Bmc Complementary Medicine and Therapies，21（1）：30.

Rodríguez-Flores M S，Falcão S I，Escuredo O，et al.，2021. Description of the volatile fraction of Erica honey from the northwest of the Iberian Peninsula[J]. Food Chemistry，336：127758.

Rückriemen J，Schwarzenbolz U，AdamS，et al.，2015. Identification and Quantitation of 2-Acetyl-1-pyrroline in Manuka Honey（Leptospermum scoparium）[J]. Journal of Agricultural and Food Chemistry，63（38）：8488-8492.

Ruisinger B，Schieberle P，2012. Characterization of the key aroma compounds in rape honey by means of the molecular sensory science concept[J]. Journal of Agricultural and Food Chemistry，60（17）：4186-4194.

Schievano E，Stocchero M，Zuccato V，et al.，2019. NMR assessment of European acacia honey origin and composition of EU-blend based on geographical floral markers[J]. Food Chemistry，288：96-101.

Seraglio S K T，Bergamo G，Molognoni L，et al.，2021. Quality changes during long-term storage of a peculiar Brazilian honeydew honey：“Bracatinga”[J]. Journal of Food Composition and Analysis，97：103769.

Shao Z，Lu J，Zhang C，et al.，2020. Stachydrine ameliorates the progression of intervertebral disc degeneration via the PI3K/Akt/NF-κB signaling pathway：in vitro and in vivo studies[J]. Food & Function，11（12）：10864-10875.

Sharin S N，Sani M S A，Jaafar M A，et al.，2021. Discrimination of Malaysian stingless bee honey from different entomological origins based on physicochemical properties and volatile compound profiles using chemometrics and machine learning[J]. Food Chemistry，346：128654.

Shi J，Tong G Q，Yang Q，et al.，2021. Characterization of key aroma compounds in Tartary buckwheat（*Fagopyrum tataricum Gaertn.*）by means of sensory-directed flavor analysis[J]. Journal of Agricultural and Food Chemistry，69（38）：11361-11371.

Song X，She S，Xin M，et al.，2020. Detection of adulteration in Chinese monofloral honey using 1H nuclear magnetic resonance and chemometrics[J]. Journal of Food Composition and Analysis，86：103390.

Song Y Q，Milne R I，Zhou H X，et al.，2019. Floral nectar chitinase is a potential marker for monofloral honey botanical origin authentication：A case study from loquat（Eriobotrya japonica Lindl.）[J]. Food Chemistry，282：76-83.

Starkenmann C，Mayenzet F，Brauchli R，et al.，2007. Structure elucidation of a pungent compound in black cardamom：*Amomum tsao-ko* Crevost et Lemarie（Zingiberaceae）[J]. Journal of Agricultural and Food Chemistry，55（26）：10902-10907.

Su Y，Xie L，Wang Q，et al.，2010. SPME-GC-MS analysis of volatile compounds from four XinJiang monofloral honey[J]. Food Science，31（24）：293-299.

Tang，J S，Compton B J，Marshall A，et al.，2020. Mānuka honey-derived methylglyoxal enhances microbial sensing by mucosal-associated invariant T cells[J]. Food & Function，11（7）：5782-5787.

Tappi S，Glicerina V，Ragni L，et al.，2021. Physical and structural properties of honey crystallized by static and dynamic processes[J]. Journal of Food Engineering，292：110316.

Valverde S，Ares A M，Stephen Elmore J，et al.，2022. Recent trends in the analysis of honey constituents[J]. Food Chemistry，387：132920.

Verzera A，Tripodi G，Condurso C，et al.，2014. Chiral volatile compounds for the determination of orange honey authenticity[J]. Food Control，39：237-243.

Wang K，Wan Z，Ou A，et al.，2019. Monofloral honey from a medical plant，Prunella Vulgaris，protected against dextran sulfate sodium-induced ulcerative colitis via modulating gut microbial populations in rats[J]. Food & Function，10（7）：3828-3838.

Wang Q，Zhao H，Xue X，et al.，2020. Identification of acacia honey treated with macroporous adsorption resins using HPLC-ECD and chemometrics[J]. Food Chemistry，309：125656.

Wang Y，You C X，Wang C F，et al.，2014. Chemical constituents and insecticidal activities of the essential oil from *Amomum tsaoko* against two stored-product insects[J]. Journal of Oleo Science，63（10）：1019-1026.

Wang Z，Ren P，Wu Y，et al.，2021. Recent advances in analytical techniques for the detection of adulteration and authenticity of bee products – A review[J]. Food Additives & Contaminants：Part A，38（4）：533-549.

Wu J Z，Ouyang Q，Park B，et al.，2022. Physicochemical indicators coupled with multivariate analysis for comprehensive evaluation of matcha sensory quality[J]. Food Chemistry，371：131100.

Wu L，Du B，Vander Heyden Y，et al.，2017. Recent advancements in detecting sugar-based adulterants in honey – A challenge[J]. TrAC Trends in Analytical Chemistry，86：25-38.

Xiao Z B，Xiang P，Zhu J C，et al.，2019. Evaluation of the perceptual interaction among sulfur compounds in mango by feller's additive model，odor activity value，and vector model[J]. Journal of Agricultural and Food Chemistry，67（32）：8926-8937.

Xie J B，Sang L T，Zhang Y Q，et al.，2015. Determination of stachydrine and leonurine in herba leonuri and its succedaneum-herba lagopsis-with a sensitive HPLC-MS/MS method[J]. Journal of Liquid Chromatography & Related Technologies，38（7）：810-815.

Xue X，Wang Q，Li Y，et al.，2013. 2-Acetylfuran-3-Glucopyranoside as a novel marker for the detection of honey adulterated with rice syrup[J]. Journal of Agricultural and Food Chemistry，61（31）：7488-7493.

Yan S，Song M，Wang K，et al.，2021. Detection of acacia honey adulteration with high fructose corn syrup through determination of targeted α - Dicarbonyl compound using ion mobility-mass spectrometry coupled with UHPLC-MS/MS[J]. Food Chemistry，352：129312.

Yan S，Song M J，Wang K，et al.，2021. Detection of acacia honey adulteration with high fructose corn syrup through determination of targeted alpha-Dicarbonyl compound using ion mobility-mass spectrometry coupled with UHPLC-MS/MS[J]. Food Chemistry，352：129312.

Yan S，Sun M，Zhao L，et al.，2019. Comparison of differences of α-dicarbonyl compounds between naturally matured and artificially heated acacia honey：their application to determine honey quality[J]. Journal of Agricultural and Food Chemistry，67（46）：12885-12894.

Yan S，Wang X，Wang W，et al.，2022. Identification of pigmented substances in black honey from leucosceptrum canum：novel quinonoids contribute to honey color[J]. Journal of Agricultural and Food Chemistry，70（11）：3521-3528.

Yang C，Luo L P，Zhang H J，et al.，2010. Common aroma-active components of propolis from 23 regions of China[J]. Journal of the Science of Food and Agriculture，90（7）：1268-1282.

Yildiz O，Gurkan H，Sahingil D，et al.，2022. Floral authentication of some monofloral honeys based on volatile composition and physicochemical parameters[J]. European Food Research and Technology，248（8）：2145-2155.

Yu X，Zheng F，Shang W，et al.，2020. Isorhamnetin 3-O-neohesperidoside promotes the resorption of crown-covered bone during tooth eruption by osteoclastogenesis[J]. Scientific Reports，10（1）：5172.

Yücel Y， Sultanog˘lu P，2013. Characterization of honeys from Hatay Region by their physicochemical properties combined with chemometrics[J]. Food Bioscience，1：16-25.

Zeng L，Xiao Y，Zhou X，et al.，2021. Uncovering reasons for differential accumulation of linalool in tea cultivars with different leaf area[J]. Food Chemistry，345：128752.

Zhang G Z，Tian J，Zhang Y Z，et al.，2021. Investigation of the maturity evaluation indicator of honey in natural ripening process：The case of rape honey[J]. Foods，10（11）：2882.

Zhang L，Li F，Hou C H，et al.，2020. Design，synthesis，and biological evaluation of novel stachydrine derivatives as potent neuroprotective agents for cerebral ischemic stroke[J]. Naunyn-Schmiedebergs Archives of Pharmacology，393（12）：2529-2542.

Zhang Q，Zhu L，Gong X，et al.，2017. Sulfonation disposition of acacetin：in vitro and in vivo[J]. Journal of Agricultural and Food Chemistry，65（24）：4921-4931.

Zheng Y F，Wu M C，Chien H J，et al.，2021. Honey proteomic signatures for the identification of honey adulterated with syrup，producing country，and nectar source using SWATH-MS approach[J]. Food Chemistry，354：129590.

Zhu M，Sun J，Zhao H，et al.，2022. Volatile compounds of five types of unifloral honey in Northwest China：Correlation with aroma and floral origin based on HS-SPME/GC-MS combined with chemometrics[J]. Food Chemistry：384：132461.

Zhu Y，Lv H P，Shao C Y，et al.，2018. Identification of key odorants responsible for chestnut-like aroma quality of green teas[J]. Food Research International，108：74-82.